今、「電池の世界」が熱い！　面白い！！

電池BOOK

ボルタ電池からリチウムイオン電池、
全固体電池、フロー電池、燃料電池、
太陽電池、原子力電池、そして
キャパシタまで

神野将志 = 著
Masashi Jinno

JN195202

はじめに

──今、電池の世界が熱い！　面白い！

　日本は海に囲まれた国であり、また、海だけではなく、美しい自然に恵まれている国ですが、時にはそれらが牙をむくことがあります。例えば、地震やそれによる津波、また台風による洪水等により、道路、鉄道が遮断されたり、エネルギー供給がストップされたりすることは、私たちの多くが実際に経験をしていることです。

　東日本大震災が発生した際、災害の直撃ばかりでなく、エネルギーの供給が広範囲でストップした苦痛は、未だに記憶に残っていることと思います。

　しかし、あれから8年経った現在も、地震や暴風、洪水といった自然災害が起きています。2018年の北海道厚真町を中心とする大地震によるブラックアウトでは、道内全域295万戸が停電したことは記憶に新しいですし、現在も本書の執筆中に（2019年9月）、関東を台風15号が直撃して、千葉県を中心として一時93万戸が停電し、電気の供給がストップしたため電車が動かず出勤できない人や成田空港から出られない人が大勢出ており、停電が数日間にわたって続いている地域もあると報道されています。

　このように、**大きな災害に接してエネルギー供給が断たれると、特に電気エネルギーを蓄えること、生み出すことがとても大切だと気づかされ、これに関する技術が以前と比べて十分な進展がなされているのか**といった疑問が湧いてくるのではないでしょうか。

　また、直接そのような災害に接していなくとも、低炭素社会を実現させ、持続可能な発展を目指していく上で、電気エネルギーの供給手段として、これまでにあったような手段だけではなく、新しい技術の開発が望まれています。自然に恵まれながらも、エネルギー資源が豊富にあるとは言えない日本においては、このことは特に強く認識されていると言えるでしょう。

　これらに対しては、電気のエネルギーをより上手く利用することが現実に力強く推し進められようとしています。

　例えば、再生可能なエネルギー供給源として、太陽光発電の施設が一般家庭の屋根の上に限らず、日本のあちこちで見られるようになっているのが普通の風景となりつつありますし、それらから得た電気を個別に蓄えておく技術も発達してきています。これが発展していけば電気の供給が途絶えても、直ちに停電になることが防げます。また、電気の力だけで走る電気自動車についても、試験的な発表だけでなく、実際に販売が進んでおり、いよいよ数年のうちには、全固体電池などの新技術が大規模に実用化されて市場に出回るのではないかという話もよく聞かれます。

　もっと身近に感じられるところでは、東日本大震災当時は現在ほど一般的とは言えなかった、スマートフォン、ドローン、コードレス掃除機、そして最近大流行しているハンディタイプの扇風機のような、新たなデバイスが出現しています。これらはすべて小型かつ軽量で、パワーのある電池の技術があってこそ生み出されたものです。

　このようにちょっと気を付けて見てみると、少し前までは存在しなかった**様々なデバイスに隠れて電池が活躍している**ことを実感できるでしょう。

　ところで、エネルギーを蓄える技術、生み出す技術について、非常に大切ではあると理解はしていても、これらについて簡単に読むことができ、かつ網羅的に解説する本は少ないように思われます。エネルギーを蓄える、生み出す技術の全体的な話を把握したいという人にとっては、これでは不便だと感じていました。

　本書は、このような背景から、**電気エネルギーに関して、これを蓄えたり生み出したりする技術を、**リモコンなどの小さな電力から、**比較的大きな自動車、また工業的に必要とされるとか、電力網として必要とされるような大型の設備まで、技術的な解説を交えながら整理して簡単に紹介しようとする**ものです。

　また、過去に用いられていた電池だけでなく、数年後に実用化されるであろう今後の技術についても容易に理解できるよう説明をしましたので、多くの人に本書をとっていただき、それら技術についてより身近に感じるようになっていただければと思っています。

電気のエネルギーは、火や水の力を利用してきた歴史に比べたら、人類が利用し始めたのはつい最近のことだと言えるでしょう。しかし、**近代から現代社会の繁栄を実現させているのは、電気のエネルギーであると言っても過言ではありません**。インターネットをはじめとする IT 技術や、先端医療技術が電気の力を使っているのは当然ですし、もっと身近な、夜の明かりやスマホでも、私たちの生活で電気を使わない生活は考えられません。手の届かない遠くのところで言えば、宇宙開発にも電気は使われています。

　そして、それら電気を使う技術は、最初に電池の発明がなされたところからどんどん発達していきました。電池の重要性は今でも変わらず、種々のデバイスの中に電池が使用されています。

　電池は、それだけを持っていてもどうしようもなく、電池で動かすその先のモノがどうしても目に入りやすいので、先端技術として目立つ存在ではないかもしれません。しかし、スマートフォンやドローン、電気自動車などは、高性能の電池がなければ実現しませんし、現在より高性能のモノを作ろうとすると、より高性能の電池が必要になります。このように、電池はより新しく高いレベルの技術を支えるために、必要不可欠なものなのです。

　現代の様々な技術を支えるため、より多くの電気を蓄え、より大きなパワーを出す電池には多くの種類が存在し、それぞれに工夫が凝らされています。皆様が本書を取ることで、それら技術に対する理解の助けになればと願っております。

　また、本書の趣旨は日本人研究者にスポットライトを当ててそれを紹介することではありませんが、改めてまとめてみると、日本人研究者が 100 年以上前から電気化学分野において非常に輝かしい功績を残してきていることに気づかされます。技術的な面だけではなく、日本人科学者たちの活躍という点に興味のある読者にとっても、この本がお役に立てればと思います。

　なお、本書に示した意見・見解はあくまでも筆者個人によるもので、その属する組織、機関の意見・見解を示すものではないことを付記しておきます。

神野 将志

2019 年 9 月

『電池 BOOK』◇目　次

はじめに──今、電池の世界が熱い！　面白い！

CHAP.1

電池の基本と開発史──電池ってなんだ⁉

CHAP.2

身の回りのいろいろな電池──一次電池

CHAP.3

身の回りのいろいろな電池──二次電池

CHAP.4

産業の花形となったリチウムイオン電池

CONTENTS

CHAP.5

全固体電池とポストリチウムイオン電池

CHAP.6

蓄電設備として期待されるフロー電池

CONTENTS

CHAP.9

コンデンサも立派な蓄電池

CHAP.1

電池の基本と開発史
──電池ってなんだ!?

身の回りは電池だらけになっていた !?

　電池はエネルギーの消費をする際に、二酸化炭素を排出しないので、クリーンなエネルギーとも言われています。私たちは日々の生活を送るために電気のエネルギーを使っていますが、電池から電気のエネルギーを利用する機会が以前よりも増えてきています。

　ここで、皆さんの身の回りを見回してみてください。

　例えば、リビングでくつろいでいるとしましょう。様々な電気製品があると思われますが、テレビにしろエアコンにせよ、おそらくリモコンを操作するでしょう。リモコンはすべてと言っていいほど電池が入っています。

　また、固定電話であったのが、携帯電話になって電池を使うようになり、その上、スマートフォンでニュースや動画を見るようになると、より長時間電池からのエネルギーを利用するようになりました。その他にも、ノート型パソコンやタブレット型パソコンをコンセントからではなく、電池からの電気で使う機会も増えましたし、様々な工具や家事に使う道具もコードレスで動くようになりました。また、ドローンや電気自動車などという、電池を使う新しい製品まで産まれてきています。

　少し大きな設備では、太陽光発電（太陽電池）の設備を、作付けされていない畑や田んぼに設置したり、一般家庭の屋根につけているのを以前より多く見るようになりましたし、都市ガスから発電をするシステムを導入している家屋、マンションも増えてきました。

　このように、以前にも増して私たちの生活の周りで電池を使って電気を蓄える、電気を生み出すための新しい技術が生まれ、また、実用化されています。この本を通してそれらのいろいろな電池について、より身近に感じていただければと思います。

人類が最初に発明した電池
——電池の基本がわかるボルタ電池

中学で習うボルタ電池から電池の基本を知る

まずは、中学時代に化学で習うボルタ電池を見てみましょう。[※]

ボルタ電池は最初に人類が発明した電池として知られています。学校でも教えられることでとても有名な電池ですが、ボルタ電池を使って電車や車を動かしたり、家電製品の電源にしたりということはありませんでした。また、ボルタ電池を細かく理解しようとすると、実は、結構複雑な反応についての知識が必要とも言われています。

※有馬朗人ほか「理科の世界　3年」大日本図書株式会社発行　平成24年2月5日発行、第152頁

しかし、さすがに中学校で教えられており、長い間、電気化学の基礎として取り上げられているだけあって、電池の基本を理解するのにはとても便利です。

この電池は1800年にイタリア人のアレッサンドロ・ボルタによって発明されました。それで発明したボルタにちなんで「ボルタ電池」と言います。

ボルタ電池で用いられている材料は下記のとおりです。

正極（プラス極）　　銅板（Cu）

負極（マイナス極）　亜鉛版（Zn）

電解質　　　　　　　硫酸水溶液（H_2SO_4）

この基本的な構成を見てわかるように、電池から電気を取り出す反応をするには、少なくとも、正極（プラス極）、負極（マイナス極）、及び電解質（電解液）が必要です。現在使われているカーバッテリーやリチウムイオン電池などでも、電気を流そうとすると、正極、負極、及び電解質が最低限必要です（もちろん、現在の電池には安全を確保するための部品等、ほかにも様々な部品が用いられてはいます）。

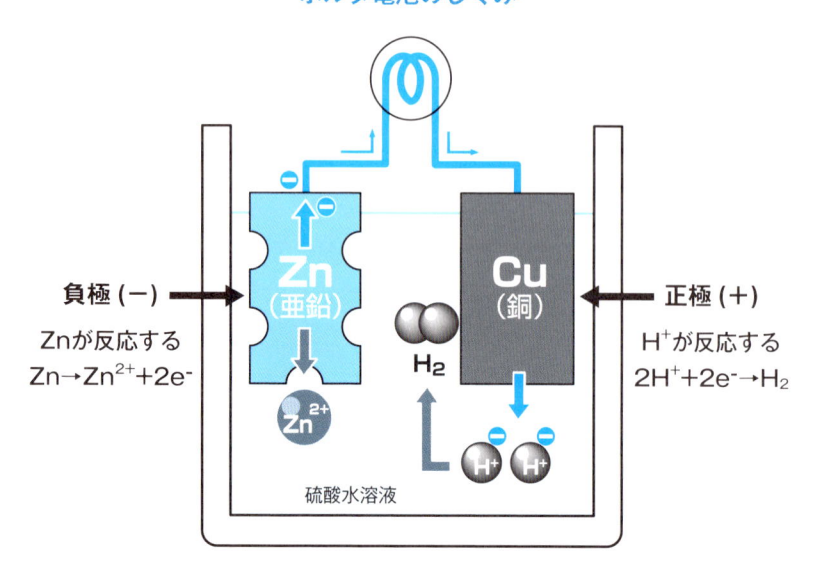

ボルタ電池のしくみ

負極 (一)　Znが反応する　$Zn \rightarrow Zn^{2+}+2e^-$

正極 (＋)　H^+が反応する　$2H^++2e^-\rightarrow H_2$

硫酸水溶液

　ところで、上の図を見て、どこに電気が蓄えられているのだろうかと疑問に思う人もいるかもしれません。ボルタ電池に限らず、電池は電気を出してはいますが、どこに電気が溜まっているのか、パッと見てもわからないと思います。

　実は、電池は電気それ自体を蓄えているわけではありません。電池から電気を取り出すときには、正極と負極に電池の中で化学反応を起こさせ、この反応によって、私たちは電気を取り出しているのです。そして、電池の中で起こっているこのような反応を「電気化学反応」と言うことがあります。

金属が「イオンになりたい」という性質を利用する

　では、ボルタ電池の反応を少し詳しく見ると、負極の亜鉛（Zn）は溶け出していて、正極からは水素（H_2）が出ています。亜鉛は硫酸の中では電子を放出してイオンになりたいという性質を持っており、H^+ イオンは電子を受け取ってイオンではない状態(この場合水素になりますので、気体となって出てきます）になりたいという性質を持っています。

　ここで「イオンになりたい」という性質を「イオン化」と言い、金属における その程度を「イオン化傾向」と言います。

　高校時代の化学で「金属のイオン化列」というものを習った記憶があるか と思います。その元素をイオン化傾向の大きい順に並べて、語呂合わせで覚 えた人もいるのではないでしょうか。

$$\underset{\text{リッチに}}{Li} > \underset{\text{貸そう}}{K} > \underset{\text{か}}{Ca} > \underset{\text{な}}{Na} > \underset{\text{ま}}{Mg} > \underset{\text{あ}}{Al} > \underset{\text{あ}}{Zn} > \underset{\text{て}}{Fe} > \underset{\text{に}}{Ni} > \underset{\text{すん}}{Sn} > \underset{\text{な}}{Pb}$$
$$> \underset{\text{ひ}}{(H_2)} > \underset{\text{ど}}{Cu} > \underset{\text{す}}{Hg} > \underset{\text{ぎる}}{Ag} > \underset{\text{借}}{Pt} > \underset{\text{金}}{Au}$$

こんなように語呂合わせして覚えませんでしたか。

　さて、イオン化傾向とは、「**異なる2種類の金属元素が存在するとき、イ オン化傾向が大きい金属のほうが優先して陽イオンになる**」というもので、 そのときに電子を解き放ちます。

金属のイオン化列

イオン化列	空気中での反応	水との反応	酸との反応
Li (リチウム)　大 K (カリウム) Ca (カルシウム) Na (ナトリウム)	すぐに酸化される	常温の水と激しく反応	希塩酸などの薄い酸と反応しH₂を発生する
Mg (マグネシウム)	常温で徐々に酸化され、表面に酸化被膜ができる	熱水と反応	
Al (アルミニウム)		高温水蒸気と反応	
Zn (亜鉛) Fe (鉄) Ni (ニッケル) Sn (スズ) Pb (鉛)			
(H₂) (水素) Cu (銅)		反応しない	
Hg (水銀) Ag (銀) Pt (白金) Au (金)　小	反応しない		酸化力の強い酸と反応 王水と反応

（縦軸：イオン化傾向）

　このイオン化傾向こそ、電池の原理なのです。

　ボルタ電池では、イオン化傾向の大きい負極の亜鉛が陽イオンとなり、解

き放たれた電子が導線を流れ、正極で水溶液中の水素イオンが電子を受け取り、水素を発生させるのです。

　ボルタ電池では、亜鉛と水素のこのような性質をうまく利用して反応を起こさせています。そしてボルタ電池に限らず、電池は物質がそうなりたいと思ったようにしてあげることで、物質に溜められていたエネルギーを解放し、そのエネルギーを電気エネルギーにして取り出しているのです。

　これを少し難しい言葉で説明をすると、「**電池は、電気化学的な反応を利用して、物質の持つ化学エネルギーを電気エネルギーに変える装置**」と言えます。ボルタ電池が発明されて 200 年以上経過した現在でも、これが電池の基本となっています。

ボルタ電池の欠点

　ボルタ電池は、一度電池を作ってしまうと、負極からどんどん Zn（亜鉛）が溶け出していって、これを外から止めることはできません。つまり、電池が自分で勝手に放電をする「自己放電」をやめることができない構造となっており、電池を作ったらそこで放電し続け、やがて電池の反応が終わって、「電池がなくなった」状態になってしまいます（平衡状態に達するということもあります）。

　したがって、現在私たちの身の回りにある乾電池のように、**電池を保存しておいて、好きなときに使うということはできません**。

　また、ボルタ電池の**起電力は低く**、電池を作った瞬間ですら１１Vで、大きな電圧を必要とする機器には利用できません。その上、電気が流れると、正極の周りに水素が発生し、これが正極にまとわりついて、正極が電解液に接触することができなくなり、電圧が下がってきてしまい（これを**「分極」**と言います）、すぐに 0.7 〜 0.8 V程度になってしまいます。

　このように、ボルタ電池には欠点も多く、実生活で用いられることはありませんでした。しかし、産業的な広がりは見せなかったとは言え、ボルタの電池が発明されたおかげで、その後の電気化学は劇的に進歩しました。

ボルタ電池が生まれるまで

　さて、電池の基本がボルタ電池でわかったところで、そのボルタ電池が発明される前はどうだったのかを紹介しましょう。

　実は「**バグダッド電池**」と呼ばれるものがあったということが知られています。

　これは、1930年代にイラクのバグダッドの近くで見つけられた、**紀元前**に作られた壺で、その中に銅の筒が入っており、さらにその中に鉄の棒が差し込まれていたものです。これは、使い方によっては、例えば鉄が溶出し、水素ガスが発生する電池になり得ると主張されました。

　バグダッド電池は、中学校の教科書のコラムにも出てくるのでとても興味深いのですが、当時電池があったとして、その電池で何らかの装置を動かしたとは思えませんし、バグダッド電池が現在の形のような電池の原型であったとするのは難しいでしょう。

　そして、しっかりとした発明として、電気を積極的に取り出そうとした電池が登場するのはもう少し時代が進んでからだと言えそうです。

　1746年に、オランダ人のミュッセンブルークは、ガラス瓶の内側と外側に金属を張り、中に真鍮の棒を入れた装置を使って電気を溜めることに成功しました。この装置は、はじめて製造された町の名前にちなんで「**ライデン瓶**」と呼ばれています。ライデン瓶ができて、人類は、電気を蓄えることを意識的に行えることになります（「コンデンサ」の9章を参照のこと）。

　その後、ライデン瓶はボルタ電池の発明へと影響を与えます。

　まず、**1752年**にアメリカの科学者で政治家でもあったベンジャミン・フランクリンは、雷の中で凧を揚げ、雷からの電気をライデン瓶に溜めることに成功しました。これにより、雷が電気であることを証明しました（ベンジャミン・フランクリンは、電気が細長い金属に引き寄せられる性質を利用して

避雷針を発明したこと等でも知られています）。

　アレッサンドロ・ボルタは、ベンジャミン・フランクリンの実験の再現実験を行いました。この実験はとても危険な実験で、失敗をして雷の電気で感電し、命を落とす人が多くいたため、ボルタが実験をすることに反対する人もいましたが、それでもボルタは実験をして成功させるほど電気、電池の研究に情熱を注いでいたのです。

　また、この他にボルタが行った再現実験として、ガルバーニの実験があります。

　1780 年に医学の教授だったイタリアのガルバーニがカエルの解剖をしているときに、ある金属のピンでとめた死んだカエルの足に、真鍮などの別の金属でできたメスで触れるとまるで生きているように痙攣することを偶然発見しました。これを見たガルバーニは、「カエルの足の筋肉は、ライデン瓶のように電気をためることができる」と考え、これを **「動物電気」** と名付け、発表するとともに研究を続けていきました。

　一方のボルタは、ボローニャ大学の大学教授となっていましたが、このガルバーニの発見を興味深く思い、再現実験をしました。この際に、再現実験自体は成功したのですが、「なぜ、2 種類の金属が触れることでカエルの足が動くのだろうか」という疑問が湧いてきました。

　これを考えていろいろ試しているとき、ボルタは 2 種類の異なる金属を舌の上に乗せてみました。すると、乗せる金属によって、様々な感覚が残ることを確認しました。感覚が残るということは、神経が動いているはずで、そうだとすると、カエルの足の痙攣は、この感覚を感じて、痙攣という動作になって現れただけで、電気が流れたことを示してはいるが、電気を蓄えてはいないのではないかと考えました。

　そして、1793 年、ボルタはガルバーニの説を否定し、カエルの筋肉を痙攣させた電気は、2 種類の異なる金属がカエルの体液を通じて接触することで生じたものだと主張しました。

　この議論は 2 人の間だけでなく、それぞれを支持する学者たちも巻き込んだ大論争となりました。

ボルタ電池発明以後

「2種類の金属を用意し、その間に液体やそれを浸み込ませたものを接触させると電気が流れる」——このことを証明するためにボルタは銀と亜鉛の間に塩水を浸み込ませた布を挟んで電気を発生させることに成功しました。つまり、カエルの体でなくとも電気は流れたのです。

これを改良し、1800年、世界で初めて電池を発明しました。これがボルタ電池です。ボルタは、この後、フランスに招かれ、ナポレオンの目の前で電池から火花を散らせる実験をして、ナポレオンを驚かせたりもしました。

ボルタ電池によって、ある程度強い電気を連続的に取り出すことができるようになったので、様々な発明、発見なされ、電気化学の学問的基礎が築かれることとなりました。

例えば、ボルタ電池から発生した電気が方位磁石の針を動かすことに注目し、1820年、デンマーク人のハンス・クリスティアン・エルステッドは電流に磁場があることを発見し、これは後に**発電機の発明**へとつながりました。

また、1800年にはアンソニー・カーライルとウィリアム・ニコルソンは、電池をつなげて電圧を上げ、水に電気を流すことで、**水を電気分解**することに初めて成功しました。

また、水が電気によって水素と酸素に分解されるという事実に刺激を受けたイギリスのハンフリー・デービーは、1806年に「結合の電気化学的仮説」を発表し、翌1807年には水酸化カリウムの電気分解によってカリウム単体を得ることに成功しました。

さらにデービーは同じ手法でナトリウム、カルシウム、ストロンチウム、バリウム、マグネシウムを次々と発見しました。アルカリ金属やアルカリ土類金属が初めて単離されたのは1800年以降が多いのですが、それには、ボルタの電池の発明が大きな影響を与えています。

さらに、デービーの弟子として彼の研究を引き継いだマイケル・ファラデー

はさらに電気分解の研究を進め、**ファラデーの法則**（1831 年、電磁誘導の法則）をはじめ様々な発見をしました。

　ボルタの電池は産業的に大きな成功を収めたとは言えませんが、これまで紹介したように様々な分野の基礎につながっていったことがわかります。

　このようにボルタの功績は大きいことから、現在電圧の単位の V（ボルト）は、彼の名前にちなんでつけられました。

　少し先走りますが、ここに電池開発黎明期の流れをまとめてみましょう。

電池の発明とその周辺の発見・開発史

（黎明期に限定。本書中で紹介する項目）

紀元前	（バグダッド電池）	
〜		
1746	ライデン瓶（コンデンサの原型）	ミュッセンブルーク（蘭）
1752	凧上げで雷の電気現象を確認	ベンジャミン・フランクリン（米）
1780	動物電気（蛙）を発表	ルイージ・ガルバーニ（伊）
1800	ボルタ電池の発明	アレッサンドロ・ボルタ（伊）
1800	水の電気分解に成功	アンソニー・カーライル（英）
	（以後、ボルタ電池が様々な発見に寄与）	＆ウィリアム・ニコルソン（英）
1807	電気分解でカリウムの単離に成功。	ハンフリー・デービー（英）
1820	電流に磁場があることを発見	ハンス・クリスティアン・エルステッド（デンマーク）
1826	オームの法則を発見	ゲオルク・オーム（独）
1831	ファラデーの法則を発見	マイケル・ファラデー（英）
1836	ダニエル電池の発明	フレデリック・ダニエル（英）
1839	光電効果の発見	アレクサンドル・エドモン・ベクレル（仏）
1859	鉛蓄電池の発明	ガストン・プランテ（仏）
1868	ルクランシェ電池の発明	ジョルジュ・ルクランシェ（仏）
1884	セレン光電池の発明（最初の太陽電池）	チャールズ・フリッツ（米）
1885	乾電池の発明（翌年、独にて特許取得）	カール・ガスナー（独）
1888	ヘレンセン乾電池特許（デンマーク）	ウィルヘルム・ヘレンセン（デンマーク）
1899	ニッケル・カドニウム蓄電池を発明	ユングナー（スウェーデン）
1900	ニッケル・鉄蓄電池を発明	トーマス・エジソン（米）

日本における電池開発史

1849	日本初のダニエル電池と電信機の製作	佐久間象山
1885	電池（湿電池）で動作する「連続電気時計」を発明	屋井先蔵
1887	炭素棒にパラフィンを含侵する「乾電池」を発明	屋井先蔵
1891	「連続電気時計」で日本で初めて電気に関する特許取得	屋井先蔵
1893	日本の乾電池特許第 1 号	高橋市三郎
	日本の乾電池特許第 2 号	屋井先蔵
1897	ペースト式鉛蓄電池の製作	島津源蔵（二代目）
1904	クロライド式鉛蓄電池（GS 電池）の製作	島津源蔵（二代目）

電池の産業的な利用を可能にした ダニエル電池

　ボルタにより、電池から電気を取ることができるようになりましたが、電池が産業的に利用されたのは、ダニエル電池が初めてと言えるでしょう。

　フレデリック・ダニエルは、1831 年に新設されたロンドンのキングスカレッジの化学分野での大学教授となり、化学分野の研究を行っていました。そして 1836 年、**分極を容易に起こしすぐ電池がなくなってしまうというボルタ電池の欠点を改善したダニエル電池**を発明しました。

　この電池は、外側の電槽にガラスを用い、内側には、素焼きの壺を用いた二重の円筒容器で構成され、内側には、硫酸銅溶液を入れ電極として銅板を用い、外側には、硫酸亜鉛を入れて電極として亜鉛を用いました。素焼きの壺を用いて二重の構造にして、外側と内側に違った種類の溶液を入れているのがこの電池の構造上のポイントで、素焼きの壺により、イオンは通過しますが、溶液が簡単に混ざらなくなっています。

　このような構造を採用することで、電池を動かしているときに、正極では、電子は硫酸銅水溶液の中で銅イオンに置換されるため（水素イオンではなく銅イオンが反応しているため）、電極である銅板に水素の気泡がつきません。言い換えると、ダニエル電池は、銅イオンを活物質（減極剤）として利用しているとも言えます。

　ダニエル電池になって、電池は長持ちするようになりましたが、この電池が「なくなった」状態になるのは、金属として析出できる銅イオンがなくなったとき、あるいは亜鉛イオンの側で亜鉛イオンが飽和し、金属亜鉛が溶出できなくなったときで、これによって電池反応は終了します。

　したがって、硫酸銅水溶液の濃度が高いほど、硫酸亜鉛水溶液の濃度が低いほど長く使うことができるので、当時は電池を長くもたせるために、頻繁にこれらの溶液を交換して使用していました。

　このような改良により長時間使用可能になったダニエル電池はすぐに評判

となりました。最初に発電所を作って電灯用の送電を開始したのがエジソンで 1881 年のことですから、ダニエル電池が登場した当時は、電気を簡単に得るということはできなかったのです。

　そして、ダニエル電池は、世界各地で設立され始めた電信会社で使う電池として採用され、産業的に利用されました。

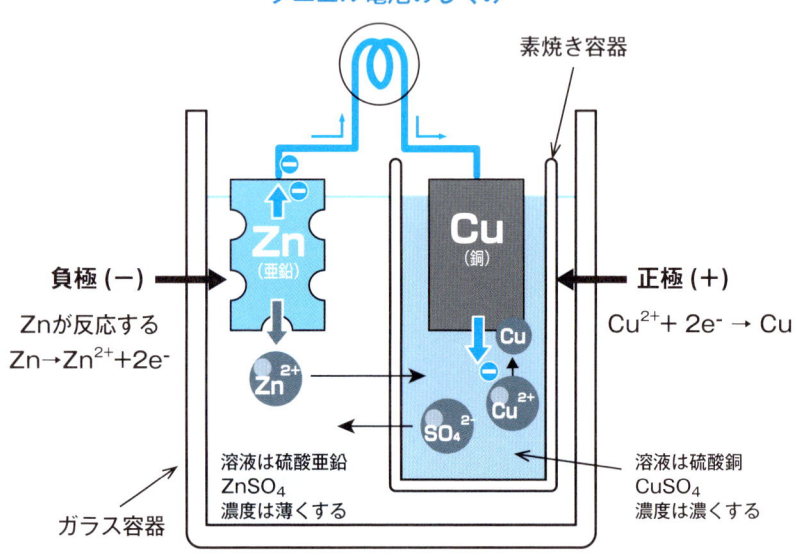

ダニエル電池のしくみ

素焼き容器

Cu（銅）

Zn（亜鉛）

負極（－）

Znが反応する
$Zn \rightarrow Zn^{2+} + 2e^-$

正極（＋）

$Cu^{2+} + 2e^- \rightarrow Cu$

Zn^{2+}　Cu　Cu^{2+}　SO_4^{2+}

溶液は硫酸亜鉛
$ZnSO_4$
濃度は薄くする

溶液は硫酸銅
$CuSO_4$
濃度は濃くする

ガラス容器

　ところで、ダニエル電池は日本でも作られていました。

　ダニエル電池は、ペリーが 1854 年に再度日本を訪れたときに、電信機を動かす電源として持ってきたと伝えられています。これは日米和親条約を結んだ際のお土産として将軍に献上されました。

　しかし、ダニエル電池はそれよりも前に日本人の手によって作られていました。松代藩（今の長野県北部辺り）の武士の子であった佐久間象山（1811～ 1864）は、幼い頃から漢学に長けていましたが、蘭学もよく学び、オランダ語に翻訳された百科事典を詳しく読んで、1849 年に電信機を作り出しました（日米和親条約締結の 5 年も前のことです！）。このときに電信機を動かしたのがダニエル電池と言われています。この発信機が作られた長野県松代町には今でも実験に使った鐘楼が残されています。

電池開発黎明期に活躍した日本人

世界初？ 乾電池を発明した屋井先蔵

ダニエル電池の登場以降、日本でもその後の電池の発展に大きく寄与する様々な研究・開発がありました。その一人が屋井先蔵です。19世紀後半、明治中期以降に活躍しました。

屋井先蔵は、乾電池の発明をしましたが、最初から乾電池の発明をしようとしていたわけではありません。もともと新潟に住んでいましたが、大きな発明をしようと夢見て、徒歩で新潟から東京に向かい、地元で一番の名士であった石黒忠悳（この人は、森鷗外の上司で陸軍軍医監でした）の家に身を寄せて書生になります。

このとき、いろいろ発明しようとしてもうまくいかず、大学に行こうとしましたが、年齢制限ぎりぎりの年の試験を、時計が不正確であったために遅刻をして、受験をすることすらできないということになったのです。

そこで、正確な電気時計を作ろうと、電気時計の発明に取り組んだ結果、「電気時計」という名称の特許を1889年12月12日に出願し、日本の電気に関する最初の特許（特許第1205号）を取得しました。

その後、この時計を動かすための電池の開発に取り組みます。それまではダニエル電池を主流とした流動性の液体を電解液に使っていましたが、電解液を和紙に浸み込ませることによって、電解液が流れ出るのを防ぎ、さらに、炭素棒をパラフィンで煮ることによって、電解液を容器の中に完全に封印することに成功しました。**乾電池の発明**です。この発明は、**1892年10月4日**に特許出願されました（特許第2086号、28ページ掲載）。

乾電池を世界で初めて発明したのはドイツ人カール・ガスナー（CARL GASSNER）で、1886年4月8日にドイツで特許を取得したことがしっかりとした記録に残っています（ドイツ特許37758号、米国特許373064号）。

これは、発明をした当時、屋井先蔵には十分な資本がなく、出願するほどの余裕がなかったからと言われています。日本で最初に乾電池の特許を取得したのは、**高橋市三郎**と言われています。（次項詳述）

　ということで、屋井先蔵は世界的にもとても早い時期に発明をしたらしいことは確かですが、世界で最初に乾電池を発明したということを明らかに記録した文書はありません。いずれにしても、明治維新から少ししか経っていない時期に電池が開発されたことは確かであり、日本が世界的なレベルにいたことは確実と言えそうです。

　先蔵が乾電池の特許を日本の特許庁に出願した翌年の 1893 年、米国シカゴで万国博覧会が開かれました。明治政府は、日本の文化や特産物、さらには、先端技術を紹介することにしました。このときに、屋井先蔵の乾電池に白羽の矢が立ち、日本初の最新機器として会場で展示公開されました。すると、屋井の電池は瞬く間に評判になり、世界から大きな注目を浴びることとなりました。

　しかし、シカゴ万博が終了した後、屋井先蔵が発明した乾電池とほとんど同じ電池が米国で製造販売され、その一部は日本にも輸入されてきたのです。

　実は、先蔵は日本には特許の出願をしていたものの、アメリカには特許の出願をしていませんでした。これでは、日本国内に輸入された電池は取り締まることはできても、アメリカ国内での販売を取り締まることはできません。

　このときに先蔵は悔しがりましたが、舶来品は高級品で国産品はまがい物という風潮が蔓延していたこの時代に、先蔵の発明した電池では、米国製の模倣品まで現れたのです！　ですから、先蔵は自分の乾電池を自信を持って売ろうと思ったのです。

　その後、先蔵は、「屋井乾電池合資会社」を作りましたが、全く売れません。というのも、乾電池を使って動かす製品がなかったのです。電池はあっても、それを使って動かす製品がなければ、売れないのは当然とは言えます。

　しかし、1894 年、日清戦争が勃発。すると、屋井乾電池合資会社に乾電池の注文が飛び込んできたのです。注文を入れたのは当時の陸軍省でした。

　当時陸軍は、**懐中電灯や携帯通信機器の電源**として、欧米製の湿電池（ルクランシェ電池）を輸入して採用していました。ところが、その湿電池では、

戦地であった満州などの寒冷地では電解液が凍結してしまい、いざというときに使い物にならないという事態が続出します。そこで困った陸軍は、どうにか寒い環境下でも使える電池がないかと屋井に頼ったのでした。

　そして、実際に使ってみると、欧米製の湿電池が凍って使えないのに対して、屋井の乾電池は凍らずに、通信機などの電源として見事に働き、日本軍の勝利に貢献したのです。

　ある日、満州での日本軍の勝利を告げる号外が東京に舞いまいた。その号外では、屋井の乾電池が満州で多大な戦果を挙げていることが大きく報じられました。

　日清戦争に続いて日露戦争においても屋井乾電池は多くの戦果を挙げ、その功績が新聞や雑誌で連日大きく報じられました。

結局、日本人で最初に乾電池を発明した人は誰だ？

　現在でも日本では電池の分野で激しい技術開発競争が行われていますが、明治時代でもとても激しい競争が行われていたということがわかる書類が次ページの 2 つの特許公報です。

　上は「乾電池」の発明で、**特許第 2062 号、特許権者は高橋市三郎**です。

　下も「乾電池」の発明で、**特許第 2086 号、特許権者は屋井先蔵**です。

　こう見ると、特許 2062 号の方が番号が小さいのでより先に特許がとられたということがわかりますが、先に発明をしたのはどちらかというと、それはわかりません。というよりも、この 2 つの特許公報の書面からは屋井先蔵が先に発明をしたと言えそうです。

　というのも、特許第 2062 号は、出願日が明治 25 年（1892 年）10 月 15 日、特許明治 26 年 10 月 13 日となっており、特許第 2086 号は、出願日が明治 25 年 10 月 4 日、特許明治 26 年 11 月 21 日となっています。

　これはどういうことかというと、屋井先蔵の特許出願の方が 11 日早かったのですが、特許庁（当時は特許局）での手続きを進めていった結果、屋井先蔵は高橋市二郎よりも 1 カ月と少し遅れて特許されたということです。

　では、実際にどちらが先に発明をしたのだということはこの特許公報を見

ただけではわかりません。ここからわかることは、2人がそれぞれいつ特許出願をして、それが認められたかということです。

しかし、明治時代に出願日が10日程度しか違わない発明が出てきているということから見ても、当時の技術開発競争がいかに激しかったのかということがわかります。

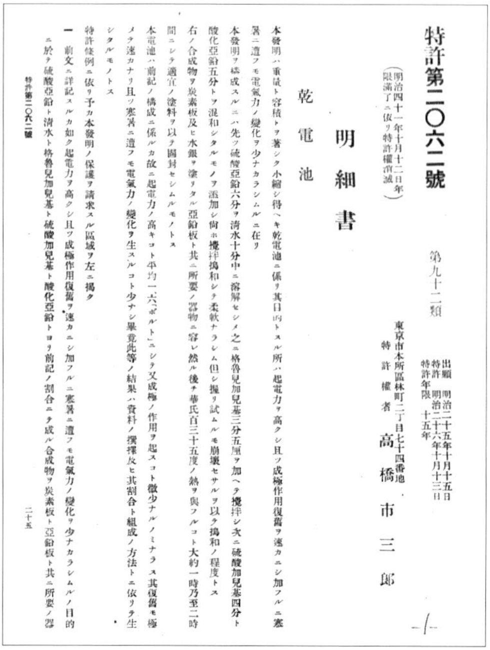

特許第二〇六二號

（明治四十一年十月十二日限満了ニ依リ特許權消滅）

第九十二類

出願　明治二十五年十月十五日
特許　明治二十六年十月十三日
特許年限　明治　十五年

東京市本所區林町二丁目二十四番地
特許權者　高橋　市　三　郎

明　細　書

乾　電　池

本發明ハ重量ヲ著シク輕減シ得ヘキ乾電池ニ係ナ其目的トスルモノニシテ起電力ヲ高メ且ツ成極作用回復露ヲ速カニスルヲ以テ目的トス
蓋シ遺フニ電気力ノ變化少ナカラシムルノ目的ニ在リ
本發明ニ先ツ硫煙亞鉛六分ヲ清水十分ニ溶解シ之ニ格魯兒加里ヲ攪拌シ次ニ破體加鉛基四分ト
該化亞鉛五分ヲ混和シタルモノヲ添加シ更ニ攪拌揚乾シ其上ニ炭化晶爾ヲ……（以下本文省略）

二十五

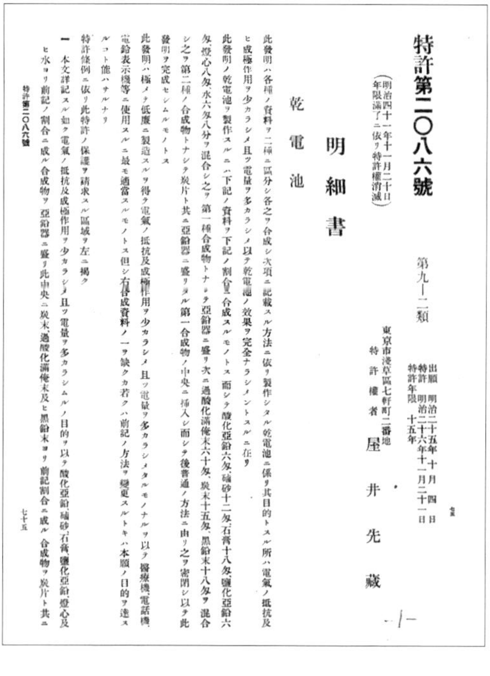

特許第二〇八六號

（明治四十一年十一月二十日限満了ニ依リ特許權消滅）

第九十二類

出願　明治二十五年十月四日
特許　明治二十六年十一月二十一日
特許年限　明治　十五年

東京市淺草區七軒町二番地
特許權者　屋　井　先　藏

明　細　書

乾　電　池

此發明ハ各種ノ資料ヲ混合シ各々ヲ合成シ又ハ之ヲ合成シテ之ヲ乾電池ニ係ナ其目的トスルモノニシテ……（以下本文省略）

七十五

鉛蓄電池の始祖——島津源蔵（二代目）

　島津源蔵は、様々な発明をして「日本のエジソン」と言われましたが、鉛蓄電池も彼が残した発明で非常に重大な発明です。

　二代目島津源蔵は、初代島津源蔵（父親）を継いだ後、鉛蓄電池の発明に取り掛かり、1897 年（明治 30 年）に 10Ah の容量を持つ鉛蓄電池を作りました。これは、日本におけるその後の鉛蓄電池産業の始まりと言えるでしょう。源蔵はさらに改良を加えて、1904 年（明治 37 年）には、150Ahの容量を持つ鉛蓄電池を作ります。

　そして、この鉛蓄電池は、完成直後に起こった日露戦争の日本海海戦でとても大きな働きをします。

　日本海軍はバルチック艦隊との海戦に勝利すべく、各艦すべてに無線電信（無電）を取り付けて哨戒にあたり、より早く相手の規模、陣形等を察知しようとしました。海戦は、敵に遭遇してから味方に指示をしていては手遅れになる場合も多く、相手の規模、進行方向、陣形等を先に知っていれば非常に有利になります。

　無電はすでに日本国産のものが開発されてはいましたが、自由に電気を使える陸上でしか使えませんでした。それを海上で動かすには蓄電池が必要で、長時間の使用をするためには当然より大きな容量を持った蓄電池が有利です。海軍はこの蓄電池の供給を島津に頼り、島津源蔵は見事この期待に応えます。

　ここからの話は、他の著書でもたくさん紹介されていますが、哨戒活動をしていた「信濃丸」より敵艦が見えたらしいとの打電があり、これを巡洋艦「和泉」が傍受し、すぐに旗艦「三笠」に打電します。そして、司令長官東郷平八郎が『敵艦隊見ユトノ警報ニ接シ聯合艦隊ハ直チニ出動、コレヲ撃滅セントス。本日天気晴朗ナレドモ浪高シ』と大本営に打電することになります。

　これを可能にしたのが、当時の日本の先端技術であった鉛蓄電池でした。

　島津源蔵の蓄電池に対する情熱は衰えることなく、1908 年（明治 41 年）には、GS ブランドを立ち上げ、「GS 蓄電池」（GS は島津源蔵「ゲンゾウシマズ」のイニシャル）を売り出し、1917 年（大正 6 年）には、日本電池

を設立します。

　そして、1920 年（大正 9 年）には、鉛蓄電池を有利に製造する「易反応
性鉛粉製造法」の特許（特許第 41728 号）も取得しました。

　鉛蓄電池の生産工程において、鉛粉を製造する技術というのはとても重要
で、この特許は、島津源蔵の取得した数々の特許のうちでも代表的な特許と
言えます。

　この発明は、回転ドラム内に鉛の塊を入れ、空気を吹きかけながらその塊
の表面を酸化しつつも回転する塊の摩擦で表面の酸化物をはぎ取り、十分に
細かくなった（酸化していない）鉛の金属の粉が気流に乗ってドラムから排
出され、これをトラップするという方法です。

　島津源蔵は、これらの功績をたたえられ（蓄電池以外にも日本初のレント
ゲンの製造等、様々な功績を残しています）、1950 年（昭和 25 年）に藍
綬褒章を受章しました。

⚡**COLUMN**

平賀源内の「エレキテル」!?

　日本の歴史の中で、電気関連の発明をした人として有名な人物は、やはり
平賀源内ではないでしょうか。「平賀源内はエレキテルを発明した」と覚え
ている人も多いと思います。

　エレキテルは、もともとは電気を流して人の治療をすること（電気治療）
を目的とした装置で、ヨーロッパで開発された医療機器でした。日本へは、
オランダ人により江戸幕府に献上されることで伝わってきました。

　エレキテルのしくみは、箱の外にハンドルが付いており、これを回すこと
で中に配置されたガラスが摩擦され静電気が発生して、それを外に出た銅線
部分に蓄えていくというしくみになっています。このように、エレキテルは
摩擦によって発電した静電気を蓄えておくことができ、これに触れると電気
が流れるというものでした。

　このことから、平賀源内が最初から自分でエレキテルを発明したという訳
ではないことは明らかですが、平賀源内がエレキテルの実物を手にしたとき
は、それが壊れており、使い物にならないものだったそうです。彼は、その
エレキテルをうまく直すことに成功しました。説明書や電気化学的な知識が
日本にない時代でしたので、これはとても素晴らしい功績だと言えます。

エジソンの発明と電池の開発

　電池開発の黎明期には、アメリカでのエジソンの活躍は見逃せません。

　エジソンは数々の発明をしたことで有名で、すべての発明を書き切ることはできませんが、主な発明を並べてみます。

　下記のように並べてみると本当にたくさんの発明をしていますが、**蓄電池の発明**もしています。1900年、鉄粉を負極，オキシ水酸化ニッケルを正極に，水酸化カリウムと水酸化リチウムを電解質溶液に用いて構成されたアルカリ蓄電池です（ニッケル鉄蓄電池）。これは、現在実用化されつつある電気自動車を、当時のエジソンが普及させようと考えて生み出された発明です。

エジソンの主な発明

年　代	主な発明
1868 年	伝記投票記録器
1869 年	印刷電信機
1869 年	株式相場表示機
1872 年	自動電信機
1876 年	電気ペン
1877 年	炭素式電話機
1877 年	蓄音機
1879 年	ダイナモ
1879 年	白熱電球
1881 年	電動機
1886 年	おしゃべり人形
1897 年	動画映写機（キネトスコープ）
1900 年	蓄電池

　自動車は1908年にヘンリー・フォードがガソリンを燃料にできる自動車、T型フォードを発売し、ガソリンを低価格で供給できるようになった環境も整うと、その10年後にはアメリカ人の半数がT型フォードを保有するようになり、ほとんどの自動車がガソリンで動くようになって現在に至っています。しかし、それまでは、自動車の燃料には植物油、蒸気、アルコール、灯油そして、電気など、様々なものが試されていました。

　1899 年、ニューヨーク市には約100台のタクシーがありましたが、そのうちの90台は電池で走っていたそうです。電気自動車は蒸気やガソリン

エンジンで動く自動車よりも静かで、スムーズに動きました。しかし当時作られた電気自動車では長い距離を走行することができませんでした。

その原因として、当時の電池は重いので、その分燃費が悪くなってしまいますし、電池の自己放電により容量が低下することで長い間電気を貯蔵できない等の問題がありました。

この問題を解決するため、エジソンは、小さくて持ち運びできる電池の発明をしようとしました。何千回もの実験を試み、ついにエジソンは 1900 年に**正極に水酸化ニッケル、負極に鉄、電解液にアルカリ水溶液を用いた電池**を発明しました（1899 年には、スウェーデン人のユングナーがニッケルを正極に用いたニカド蓄電池を発明していますが、エジソンも同じくらいの時期にニッケルを用いた電池の発明をしたことになります）。

その後 1904 年に、エジソンは、新型電池を生産するために、ニュージャージー州のシルバーレイクに工場を建設し、450 人の従業員を雇って勢力的に研究、生産を行いました。

エジソンが考えた世界では、電池は自動車を走らせるためだけのものではありません。電池を自動車の動力源とするだけではなく、家や倉庫の照明や暖房に使うことも考えていたそうです。まるで、現在の日本の研究者が実現させようとする世界と同様のことを考えていたのです（エジソンは、これで、電線が引けない田舎の家にもエジソンが売っている電球もより多く売れるということも考えていたようですが）。エジソンは「各家庭の電灯を灯すだけではなく、機械を動かし、部屋を暖め、料理をするといったことを、誰もが人の手を借りずに、電気の力によってできる。そんな日がもうすぐそこまで来ている」と言っていたそうです。

しかし、エジソンの電池は間もなくして性能が十分ではないと言われるようになりました。エジソンの電池からは電解液が漏れやすく、また、低温環境での性能が十分ではありませんでした。それを改良するには、使用する材料も含めて一から設計しなおさないといけないということが明らかでした。そこで、エジソンは、電池の製造販売を中断したのでした。

電気をどう溜める（作る）で分類される 電池のタイプ

　電池の基本とその開発黎明期を知ったところで、電池にはどんな種類があるのか、電池の世界を知る上で欠かせない分類を覚えておきましょう。

　ボルタ電池を見て、電池がどんなものだったか思い出した、あるいは初めて理解したという方も多いと思います。それではここで、現在広く使われている電池を見てみましょう。

　ひとくちに電池と言ってもたくさんの種類の電池が私たちの生活で用いられていますので、すべての電池を並べて説明することはできませんが、有名な、あるいはよく目にする電池をざっと並べてみました。電池の名前を見て、パッとどんな電池かを思い浮かべられる電池は何個ぐらいあるでしょうか？

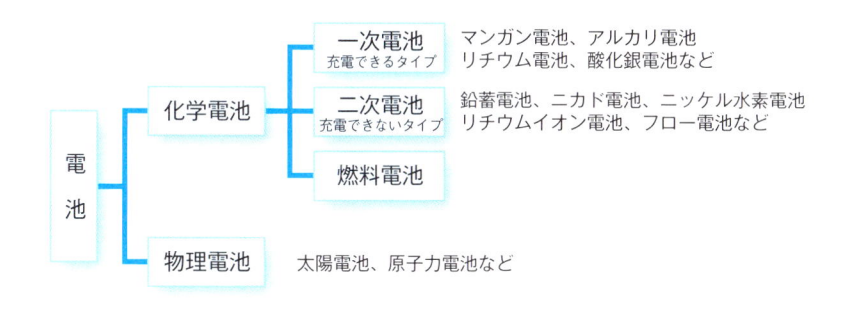

　図に示した電池の他にもまだまだたくさんの種類がありますが、この本では、上に示した電池の中で、普段よく聞くものやこれからの生活の中で接することが多くなるために知識として知っておくと良いと考えられる電池について紹介していきます。

　これら電池は単に名前が違うだけではなく、電気を蓄えたり生み出したりする仕掛けがそれぞれ違っています。図では大まかにグループに分けて示していますが、これにも理由があり、この本を読み終えた後に、上に分けたグループの意味がわかるようになっていただけたらと思います。

身の回りに一般的にある化学電池の基本構造

電池の基本を理解して、いろいろな種類の電池があるということを見たところで、今度は実用化されている一般的な化学電池の構造を下記に示します。

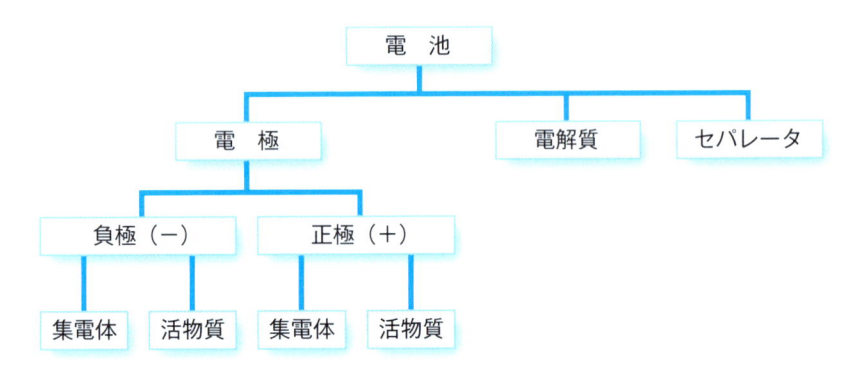

ボルタ電池を見たときに少し難しい表現として、「電池は、電気化学的な反応を利用して、物質の持つ化学エネルギーを電気エネルギーに変える装置」という説明をしました。このように、電気を取り出すために現在用いられている電池は、実際には上に示したような種々の材料から組み立てられています。

電池を製造するには大きく分けて、

①電極（正極及び負極）

②電解質

③セパレータ

という主要な要素が必要になります。そして、電極は正極も負極もさらに分解することができ、活物質と集電体から組み立てられています。

電極

これらの中で、電極は、化学エネルギーを蓄えておいたり、電池反応を起

こしたりする材料で、いわば発電をするための要素となります。

　電池によっては電極はさらに、電池反応を起こす材料（活物質）と、反応によって得られた電気を集めて電気を流す材料（集電体）の２つに役割分担をさせているものもあります。このように役割分担することで、より電極に負担がかかることなく、安定的に電気を取り出すことができるようになります。

　最近開発されたリチウムイオン電池やニッケル水素電池はこのような集電体と活物質で役割分担をしている構造をしています。ところで、活物質に関しては、より電気化学的に重要な電気化学反応をする材料であることもあり、活物質を指して「電極」ということもあります。

電解質

　電解質は、電池反応に必要なイオンを正極や負極の間で受け渡す役割をしています。したがって、電解質も電池反応には欠かせない材料と言えます。

　また、電解質が有しているもう一つの大きな役割は、電子は通さないという役割です。仮に電子が電池の電解質中を移動できてしまうと、負極から正極に電子が勝手に移動できてしまいます。これは、ショートサーキットを電池内で作ることとなり（内部でショートサーキットをしているので、「内部短絡」と呼ばれます）、電池にとっては好ましくないだけでなく、発熱、発火の危険性も高くなる状況となってしまいます。電解質は電子を通さない（絶縁性を持つ）ことで、この状態を防ぐ機能も有しています。

セパレータ

　セパレータは、正極と負極の間に配置されて、両極を分離する役割を有しています。そこで、セパレータ（separator）と呼ばれ、日本語では「分離膜」とも言われています。この材料は、電気を取り出すためには通常必要のない構成です。したがって、電池の反応式にセパレータが表されることはありませんし、中学校などで電池の実験をしたときにはセパレータは用いられなかったかもしれません。

　しかし、製品として販売されるような電池の安全性を高めるために、セパ

レータは必要不可欠な材料です。もし何らかの刺激が電池に加わり、正極と負極がくっついてしまうと、内部短絡を起こし、最悪の場合発火することもあります。こうならないために、電池では、そもそも正極と負極は物理的に離して固定されていますが、それでも外部からの衝撃や内部の電池反応による電極の形状の変化等により、正極と負極は直接接触してしまう危険性がありますので、セパレータを配置して安全の確保をしているのです。

化学電池の改善・発展には、この３つの材料、電極（正極・負極）、電解質、セパレータの開発が必要になります。それを達成するために、世界各国、あらゆる企業、研究者が凌ぎを削っているわけです。

そして、究極には私たちの生活がどんどん便利なものになっていくことになります。

⚡COLUMN

ショートサーキットと内部短絡

ショートサーキット（short circuit）は、日本語では「短絡」と訳されていますし、省略して単に「ショート」と言われることがあります。電池では、正極と負極を直接銅線等でつなげると起こる現象で、ショートサーキットが起きると、大きな電流が一気に流れ、発熱もするので危険です。

この現象は、オームの法則から説明でき、（電流）＝（電圧）÷（抵抗）で表されますが、式に当てはめて計算してみると、使い古して電圧が低い電池でも、大電流が流れることがわかります。

例えば、電池電圧が1V でも、ショートサーキットを起こして、その際の抵抗が、0.01 Ωだと、100A もの電流が流れてしまいます（仮に人間に1 Aも電流が流れると生命が危険な状態となります）。

そして、ショートサーキットは、電池の外部で銅線をつなぐというだけでなく、電池内部で正極と負極が直接接触することで、外部から見えない箇所でも発生します。電池の内部で起こることから、これを内部短絡と言います。

マンガン乾電池等では、水系電解液を使っているので内部短絡をしても水が燃え始めることはないため比較的安全ですが、リチウムイオン電池では、非水系の電解液（極端に言えば、石油のようなもの）を使っているので、内部短絡でパチッと火花が散ったとすると、そこから、非水系の電解液に火が燃え移って、電池全体が燃えてしまう危険性があります。

電池の規格

　電池の基本的なしくみや種類を紹介してきましたが、ここで現在出回っている身の回りの電池の規格について整理してみましょう。

形の規格

　電池の規格には、まず形状によって呼び方があります。私たちが一般的に目にするものは円筒形の乾電池かと思いますが、形状には大きく分けて円形と角形（または平形）の2種類があります。

　また、円形の電池には、ボタン形とコイン形と呼ばれる電池もあります。

大きさの規格

　また、電池にはいろいろな大きさがあります。

　よく見られる乾電池などの円筒形のものは下記のとおりです。

円筒形電池の国際規格と一般名称

国際規格（IEC）（JIS）	寸法　(mm) 直径	高さ	日本での呼称	アメリカでの呼称
R20	34.2	61.5	単一形	D
R14	26.2	50.0	単二形	C
R6	14.5	50.5	単三形	A
R03	10.5	44.5	単四形	AAA
R1	12.0	30.2	単五形	N

　さらにボタン形の大きさによる規格は次ページの表のとおりです。

ボタン形電池の大きさと記号

記号	寸法 (mm)	
	直径	高さ
R41	7.9	3.60
R43	11.6	4.20
R44	11.6	5.40
R48	7.9	5.40
R54	11.6	3.05
R55	11.6	2.05
R70	5.8	3.60

電池系についての規格

電池には、形状や大きさの違いによる規格表示のほかに、発電（蓄電）様式による規格があります。

電池系による規格記号

	記号	種類	正極	電解液	負極	公称電圧(V)
一次電池	なし i)	マンガン乾電池	二酸化マンガン	塩化亜鉛水溶液	亜鉛	1.5
	B	ふっ化黒鉛リチウム一次電池	フッ化黒鉛	非水系有機電解液	リチウム	3
	C	二酸化マンガンリチウム一次電池	二酸化マンガン	非水系有機電解液	リチウム	3
	E	塩化チオニルリチウム一次電池	塩化チオニル	非水系有機電解液	リチウム	3.6
	F	二硫化鉄リチウム一次電池	硫化鉄	非水系有機電解液	リチウム	1.5
	G	酸化銅リチウム電池	酸化銅	非水系有機電解液	リチウム	1.5
	L	アルカリマンガン電池	二酸化マンガン	アルカリ水溶液	亜鉛	1.5
	P	空気亜鉛電池	酸素	アルカリ水溶液	亜鉛	1.4
	S	酸化銀電池	酸化銀	アルカリ水溶液	亜鉛	1.55
二次電池	H ii)	ニッケル水素電池	ニッケル酸化物	アルカリ水溶液	水素吸蔵合金	1.2
	K iii)	ニカド電池	ニッケル酸化物	アルカリ水溶液	カドミウム	1.2
	IC iv)	リチウムイオン二次電池	リチウム複合酸化物	非水系有機電解液	炭素	3.7
	PB	鉛蓄電池	二酸化鉛	希硫酸	鉛	2

i) マンガン乾電池は、形状記号のみで表す。
ii) 実例として、NH、HH、TH などが用いられる場合があります。
iii) 実例として、N、P などが用いられる場合があります。
iv) 実例として、CG、ICP、LIP、U、UP などが用いられる場合があります。 （参考：電池工業会 HP）

　また、特にボタン電池では、大きさの規格と電池系についての規格とを組み合わせて 4 桁で電池を規格分けしています。

　例えば、「LR44」という電池であれば、「L」＋「R44」という組み合わせになっていて、アルカリマンガン電池で、R44 の大きさ、すなわち、直径 11.6mm、高さ 5.4mm の電池を表しています。

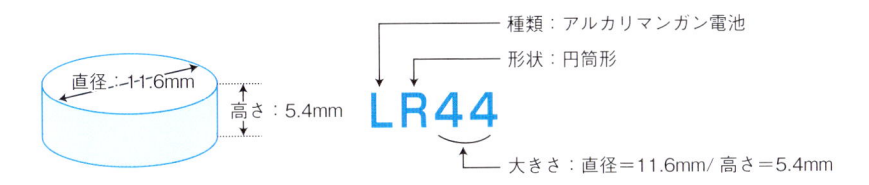

　なお、ボタン形電池の中でも、コイン形と呼ばれるリチウム電池は 6 桁で表記され、特に「CR20××」と表記されるタイプがよく使われています。

　例えば、「CR2032」という電池であれば、「C」＋「R20」＋「32」ということで、二酸化マンガンリチウム電池で、直径が 20mm、高さ 3.2mm の大きさの電池を表しています。

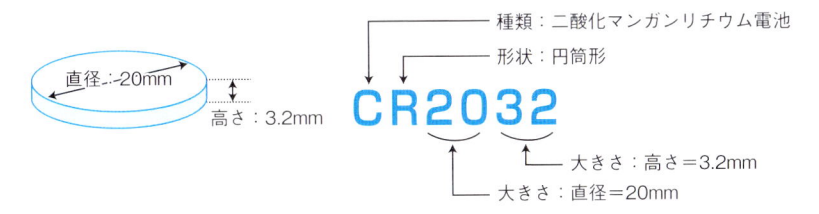

　なお、自動車のバッテリーに使われる鉛蓄電池の規格については、「鉛蓄電池」の項で解説します。

どんな電池がどのくらい生活のなかに出回っているのか？

　電池には、いろいろな種類があるのがわかったところで、日本では、それぞれの電池がどのくらい出回っているのかということを数値で見てみましょう。下記のグラフは電池工業会が出している統計の数字を表にまとめたものです。

　このグラフにあるように、基本的には、アルカリ電池やリチウム電池（これは充電できるリチウムイオン電池ではありません)が多くを占めています。車のエンジンルームにあるカーバッテリーやデジタルカメラのリチウムイオン電池などは充電をしてよく用いていることから、もっと多く売られているのではないかと思うかもしれませんが、実際に「電池の個数」として考えれば、よく見るのは、リモコン等に使う円筒形の電池やキッチンタイマーやミニライトに使う銀色のボタン電池の方とも思えますし、データーもそのようなことを示しています。

電池の販売量（個数）

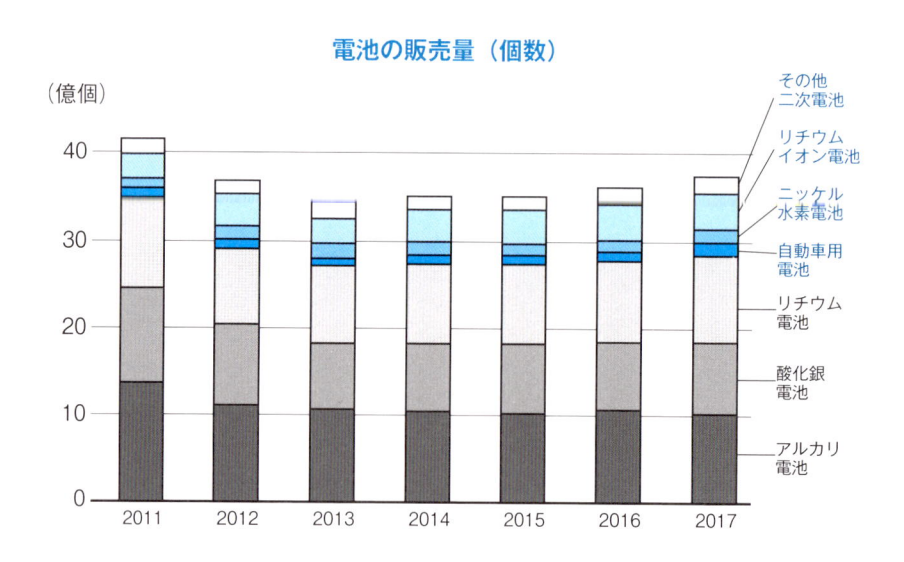

　しかし、売られている金額となると、これとは全く違った形のグラフを見ることができます。

　金額の大半は自動車用電池（鉛蓄電池）より上の二次電池であることがわかるかと思います（二次電池は青系の着色をしています）。販売個数では二次電池は 1/4 程度なのにです。また、その金額の伸びは、ほとんどがリチウムイオン電池であることに気づかれるでしょう。

　したがって本書では、二次電池のなかでも特にリチウムイオン電池に重きを置き、さらにリチウムイオン電池の発展型である全固体電池などのポストリチウムイオン電池についても解説します。

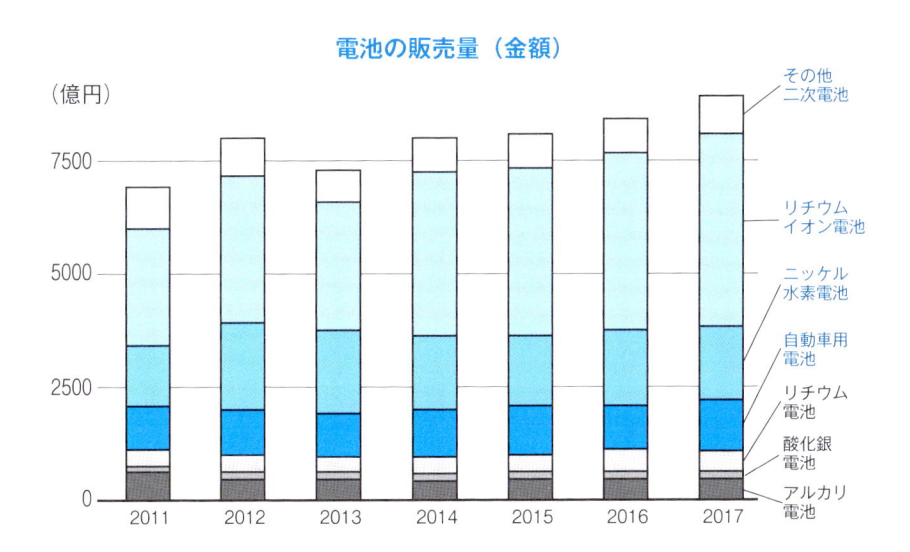

電池の販売量（金額）

41

特許制度について（国際特許）

　電池の開発史でもたびたび特許について触れたとおり、電池の発展にとって特許制度は非常に重要な制度です。島津源蔵やエジソンも電池そのものだけでなく、その材料の製造方法で特許を取得したりしています。

　特許制度は、現在ほとんどの国で制定されていますが、一つの国だけで持っていては他の国でどんなにマネをされても文句は言えません。これは、屋井先蔵の例でもあったように、日本で特許を取ってアメリカで特許を取っていなければ、アメリカではマネをされてしまいます。

　それでは、ある国際的な組織に申請した「国際特許」があれば便利だと考えるかもしれません。しかし、現在は「国際特許」というものは存在しません。現在でも各発明者は重要な発明には各国で特許を取得しています。しかし、実際にはすべての国で特許を取得する必要がない場合も多くあります。

　発明の技術が高度すぎて、多分この国にはマネはできないだろうという場合や、この国の市場は小さくて特許を取得するだけのコストを回収できないだろうという場合には、あえてその国の特許を取得しないこともあります。

　ところで、日本における特許制度は、明治時代に整備され、その後の日本の工業化の歴史を支えました。現在の日本があるのも、当時の人々が特許制度を頑張って整備してくれたおかげとも言えます。また、日本が国際社会で認められるための土台ともなりました。

　特許に関する法律は、日本の法律の中でもとても古く、実は明治時代の「大日本国憲法」が施行される4年前の1885（明治18）年に「専売特許条例」が公布、施行されました。

　日本はその後、特許に関する大きな国際条約である工業所有権の国際的保護を定めた「パリ条約」に1899（明治32）年に加盟します。これにより、日本国内で外国人も特許を取得することができるようになったのですが、これは、江戸時代に諸外国と結んだ不平等条約改正の交渉の駆け引きにも用いられたようです。

　パリ条約に加盟することで、外国人にも特許をはじめとする工業所有権の権利付与を行うことになり、外国人は日本で経済活動をしやすくなります。そして、それと引き換えに不平等条約の改正について交渉をしたのです。

　不平等条約が改正されたのには様々な要因があるでしょうが、特許に関する法律が制定され、国際条約に加入して欧米列強と同様の制度を整備したということも、不平等条約改正の大きな足掛かりになったと考えられています。

身の回りのいろいろな電池
——一次電池

一次電池って何？

　身の回りにあり、よく目にする電池について説明を始めていきます。前の章で電池の種類をグループ分けした図を紹介しましたが（33 ページ）、それぞれのグループに属する電池ごとに紹介をしていきます。

　まずは、「一次電池」と呼ばれる充電できないタイプの電池を紹介します。このタイプの電池は、外部から新しく電気エネルギー加えて充電をすることはできませんが、電池を製造するときに、電池材料に化学エネルギーという形でエネルギーを蓄えています。

　1 章ですでにボルタ電池とダニエル電池について説明しましたが、この 2 つの電池も一次電池でした。しかし、この 2 つとも電解質が液体で使い勝手も性能も当時としても満足できるものではありませんでした。

　それが乾電池となることによって、よりコンパクトで使い勝手もよくなり、また販売・流通も一層容易になりました。ポータブルな電気製品や模型、時計など、身の回りにはこの一次電池を利用している機器は必ずあるはずです。

　私たちがスーパーなどで大量に目にする乾電池も、そのほとんどがこの化学電池である一次電池です。

　主な一次電池は、マンガン電池、アルカリ電池、酸化銀電池、リチウム電池になります（ただし、現在、マンガン電池はもう日本では製造されなくなりました）。

　本章では、まずマンガン電池の原型となった電池であるルクランシェ電池の説明から始めます。

　なお、一次電池は英語では Primary Cell と呼ばれ、これに対して二次電池は Secondary Cell と呼ばれています。

マンガン電池の原型──ルクランシェ電池

マンガン電池へと発展する前

マンガン電池が登場する前にも電池はありました。しかし、マンガン電池は**人類が初めて発明した「乾電池」**です。

マンガン電池が発明されるより前には、現在でも使用されている鉛蓄電池（現在も自動車等に使用される。いわゆる「カーバッテリー」）が、1859 年にドイツのカール・ガスナーによってすでに発明されていましたが、鉛蓄電池も流動性のある電解質（電解液とも言います）を使っています。

これでは、持ち運ぶときに電池を揺らしたり、電池を傾けて設置したりすると、電池の中の電解液が漏れてきてしまい使い勝手はよくありません。まして、電解液はただの液体ではなく、人体にとって危険なものですから、このままでは、電池をカバンに入れて持ち運んだり、激しく動く機器に用いたりすることはできません。

そこで発明されたのが、乾電池であるマンガン電池です。マンガン電池も電解液を用いていますが、電解液がこぼれてこないような工夫がされています。それによって、電池を使ったり持ち運んだりするときに、液漏れの心配がほとんどなくなり、電池を使用できる幅が広がりました。

マンガン電池の原型は 1868 年（日本では、明治維新が起こった年）に、フランス人のルクランシェという人によって発明されました。ルクランシェにより発見された電池は発明者の名前にちなんで、**「ルクランシェ電池」**と言われています。

ルクランシェ電池は、図で表すと次ページのようになります。

この図は、ルクランシェによる特許出願から抜粋した図です。

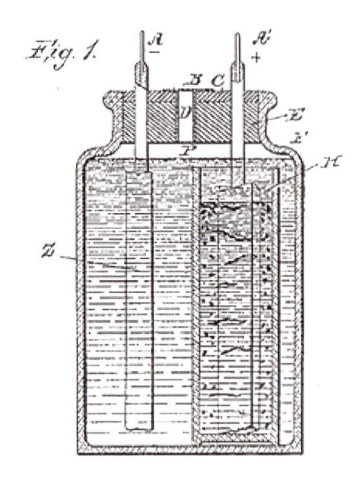

A 負極（亜鉛）

A' 正極

B ゴムバルブ

C ワックス

D 硝子チューブ

E コルク

F フラスコ

H 二酸化マンガンが入っている素焼きの容器

Z 亜鉛板

P 塩化アンモニウムを含んだ水溶液

＜ルクランシェ電池の材料の構成＞

正極： 二酸化マンガン（活物質、減極剤）＋炭素（集電体）
負極： 亜鉛
電解液： 塩化アンモニウム水溶液

　マンガン電池の原型となったこのルクランシェ電池は、ボルタ電池と同様に負極には亜鉛が使用されており、酸性の電解液が用いられています。基本的に亜鉛が電解液に溶ける（イオン化する）ことにより、電子を放出し、これが電気となって流れています。

　ルクランシェ電池がボルタ電池から改良された点は、正極に炭素と二酸化マンガンを用い、電解液に硫酸ではなく弱酸性となる塩化アンモニウム水溶液を使っているところです。

　ルクランシェ電池でもボルタ電池と同じように水素が発生して分極が起きるのですが、正極には二酸化マンガンも使っているので水素は水に変化します。

　つまり、正極では炭素を集電体として用い、二酸化マンガンを電池反応をする活物質（水素による分極を防ぐため、「減極剤」とも呼ばれる）として用いる構造になっています。電極の働きを、電気を流す役割（集電体）と電

池反応を行う役割（活物質）とに分離し、それぞれの材料に得意な仕事をさせているとも言えるでしょう。

　また、電解液には塩化アンモニウム水溶液を用いているので水素イオンが溶解していません。

　この正極と電解液の工夫により、ルクランシェ電池では、正極に水素が発生しづらくなっています。

ルクランシェ電池の反応

　それぞれの電極で起こっている反応についてシンプルに示すと、下記のとおりになります。負極は亜鉛が溶ける反応なので、ボルタ電池と同じです。また、炭素は正極に用いられていますが、集電体ですので反応には関わりません。

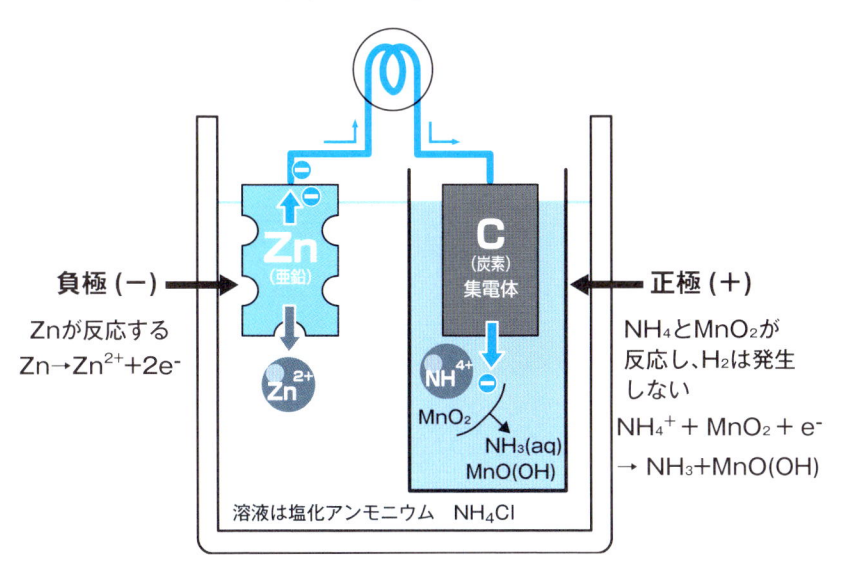

ルクランシェ電池のしくみ

負極（−）　Znが反応する　$Zn → Zn^{2+} + 2e^-$

正極（＋）　NH_4とMnO_2が反応し、H_2は発生しない
$NH_4^+ + MnO_2 + e^- → NH_3 + MnO(OH)$

MnO_2　$NH_3(aq)$　$MnO(OH)$

溶液は塩化アンモニウム　NH_4Cl

＜ルクランシェ電池の反応式＞

負極反応：　$Zn \;→\; Zn^{2+} + 2e^-$

正極反応：　$NH_4^+ + MnO_2 + e^- \;→\; MnO(OH) + NH_3$

ルクランシェ電池は上に述べた改良により格段に実用性が高くなり、特許も取得され、電報・信号・電動ベルの電源として急速に普及しました。

　このように、ある程度実用性のある電池ではあったのですが、ルクランシェ電池は、電解質として流動性のある電解液を使っているので、それまでの電池（ボルタ電池、鉛蓄電池等）と変わりがなく、電池を強く振ったり横に倒しただけで簡単に電解液の液漏れをしてしまいます。これでは手軽に電池を持ち運んで使うのは困難であったため、ルクランシェ電池の改良がされました。

　これが、乾電池です。

　具体的に改良した点は、正極と負極の間に配置されている電解液を、布（これは、正極と負極の間にあって、両極を分けているので、「セパレータ」や「分離膜」とも言われます）に浸み込ませるようにしたことです。

　こうして電池を組み立てたのが乾電池です。こうすることで、電解液を使ってはいるのですが、電解液は布に浸み込んでいるような形になりますので、液漏れをする可能性はぐっと下がりました。

　さて、ここまでが電池が発展してきた序盤の歴史になります。これからが今現在も身の回りに存在する電池です。

⚡COLUMN

自己放電

　電池は使用しないで貯蔵しているときにも正極活物質、負極活物質、電解液などの電池材料の間で化学反応をしてしまいます。このときに、本来電流として取り出すためのエネルギーを消費してしまうので、電池の容量が低下してしまうことを「自己放電」と言います。

　自己放電は化学反応によって進むので、電池の保存をするときに周囲の温度が高いと化学反応が進みやすく、自己放電をしやすくなります。また、保存時に化学反応が起きやすい材料とそうでない材料があるために、電池の種類によって自己放電しやすいものと自己放電しにくいものがあります。

　一次電池ではリチウム電池が自己放電しづらく、それに比べマンガン電池は自己放電しやすい電池です。二次電池ではリチウムイオン電池が自己放電しづらく、それに比べて鉛蓄電池が自己放電しやすい電池となっています。

乾電池を一挙に普及させたマンガン電池

マンガン電池の構造

　マンガン電池が誕生した歴史がわかったところで、現在のマンガン電池を見てみましょう。

　一般的なマンガン電池は、図に示したような構成を有しています。したがって、電池を構成する材料自体はルクランシェ電池と基本的には変化がありません。

　マンガン電池は、よく円筒の形状で単三、単四といった大きさの規格で売られています。この規格は世界共通の規格なので、日本の乾電池でも外国の機器に用いることができます。また、電池の起電力は約 1.5V となっています。**マンガン電池は小さな電流を少しずつ使う、または休ませながら使う用途に適しており、時計やリモコンに使うのに適しています。**

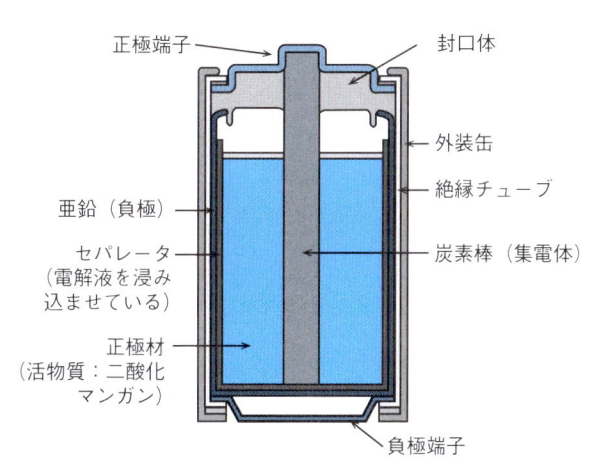

正極端子　封口体　外装缶　絶縁チューブ　亜鉛（負極）　セパレータ（電解液を浸み込ませている）　炭素棒（集電体）　正極材（活物質：二酸化マンガン）　負極端子

　電池の材料としては、ルクランシェ電池ですでに説明したとおり、正極に炭素と二酸化マンガンを使っており、負極には亜鉛板を用いています。電解液にはルクランシェ電池では塩化アンモニウムの水溶液を主に用いていましたが、現在は、塩化亜鉛にわずかの塩化アンモニウムを用いています。塩化亜鉛を添加することにより、亜鉛が電解液に自然に溶解してしまうこと、すなわち自己放電を抑制することができます。また、わずかな塩化アンモニウ

ムの添加により、電池反応に必要な水素イオンを提供することができます。

マンガン電池の反応

電極材料と電解質がほぼ同じなので、電極で起こっている反応をシンプル
に表すと、ルクランシェ電池と同じ反応になります。つまり、負極側では亜
鉛が溶けて電子を放出し、正極側では二酸化マンガンが水素イオンと電子を
受け取り、オキシ水酸化マンガン（MnO(OH)）となります（電解液との反
応を考慮してより複雑な反応式で示すこともあります）。

＜マンガン電池の反応式＞

負極反応：　　$Zn \rightarrow Zn^{2+} + 2e^-$

正極反応：　　$NH_4^+ + MnO_2 + e^- \rightarrow MnO(OH) + NH_3$

また、この点もルクランシェ電池と同じですが、正極には、二酸化マンガ
ンと炭素を用いており、電気を流す役割（炭素）と電池反応をする役割（二
酸化マンガン）をそれぞれ分担しています。これにより分極が起こりづらく
なり、電池が長持ちすることになります。

なお、マンガン電池の負極である亜鉛板（円筒形の電池では、円筒の外周
面に缶状で存在している）は、ボルタ電池と同様、集電体としての役割と活
物質としての役割を有しています。

一番の改良点は、実は電気を取り出すには直接は関係のない要素である電
解液の処理、つまり、電解液をセパレータに浸み込ませたことにあると言え
るでしょう。

このように改良が進められたことで、産業的に爆発的に普及し、今でも現
役で活躍しているマンガン電池ですが、**現在、マンガン電池は日本では製造
していません。**商品として売られているのは海外製です。電池工業会の統計
資料でも以前はマンガン電池についての統計がとられていましたが、現在は
統計は取られていません。

パワーアップしたアルカリ電池

電解液をアルカリにした

アルカリマンガン電池は、一般的には単に「アルカリ電池」とも呼ばれています。円筒形の電池としてよく販売され、**電池の販売個数では最も多く販売されています**ので、現在は単に電池と言えば、この電池を想像する人も多いと思います。

アルカリ電池と呼ばれるのは、電解液にアルカリ性の水酸化カリウム水溶液を使用しているからです（マンガン電池は、酸性の水溶液を使っています）。しかし、電解液は相違するものの、電池の反応、すなわち負極で亜鉛がイオンとして溶けることで電子を放出し、正極で二酸化マンガンが電子を受け取る反応をすることにより、電気を流すという方式は、マンガン電池と同じです。

アルカリ電池は強アルカリを電解液に用いることで、電池反応が進みやすくなり、また、反応が進んでも電解液はアルカリ性に保たれ（pH の変化が少ない）、放電反応を妨げるような物質も生成しにくくなっています。したがって、マンガン電池に比べ、**アルカリ電池は大きなパワーを連続し**て使う場合に適しており、モーターを使った模型自動車や、明るさが必要となる懐中電灯に向いています。

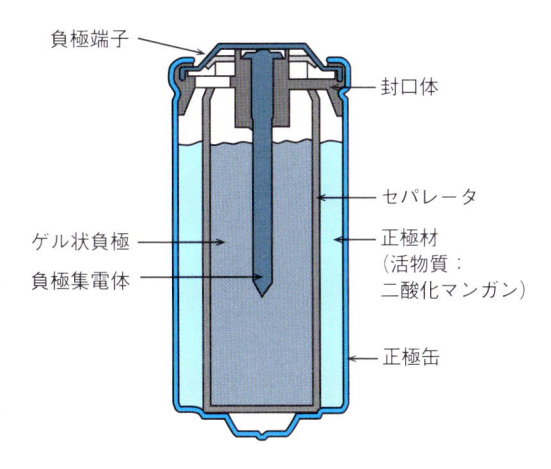

ＬＲ６タイプの電池の縦断面図

- 負極端子
- 封口体
- セパレータ
- ゲル状負極
- 負極集電体
- 正極材（活物質：二酸化マンガン）
- 正極缶

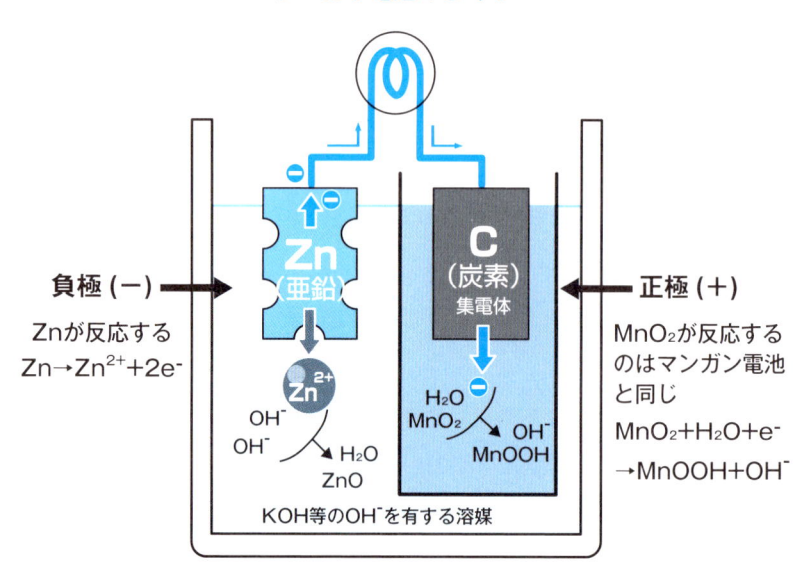

アルカリ電池のしくみ

負極 (－)

Znが反応する
$Zn→Zn^{2+}+2e^-$

OH^-
OH^-　H_2O
ZnO

H_2O
MnO_2　　OH^-
$MnOOH$

KOH等のOH^-を有する溶媒

正極 (＋)

MnO_2が反応する
のはマンガン電池
と同じ
$MnO_2+H_2O+e^-$
$→MnOOH+OH^-$

　起電力は、マンガン電池と同様、約1.5Vですから、マンガン電池で動く
ものであれば、アルカリ電池で動かすことができます（マンガン電池で用い
ていた機器に使うときに、もしアルカリ電池の起電力が大きすぎると機器が
壊れてしまう可能性がありますし、アルカリ電池の起電力が小さすぎると、
機器が動かない可能性があります）。

　そういうわけで、アルカリ電池が安く製造できるようになってからは、マ
ンガン電池よりも性能が良いと言われている（性能とは言っても、いろいろ
な角度から見た性能があるので、一言で表すのは難しいですが）アルカリ電
池がより多く売れるようになりました。

　アルカリ電池の反応式を表すと、次のようになります。

＜アルカリマンガン電池の反応式＞

負極反応： $Zn + 2OH^- \rightarrow ZnO + H_2O + 2e^-$

正極反応： $MnO_2 + H_2O + e^- \rightarrow MnOOH + OH^-$

全反応： $Zn + 2MnO_2 + H_2O \rightarrow ZnO + MnOOH$

※マンガン電池と正負極材料は同じですが、反応が異なるのは、水溶液の pH が異なり、反応しやすい物質が異なるためです。

アルカリ電池での技術的改良点

　電解液や集電体の材料を変えただけでマンガン電池からアルカリ電池になるという説明をしましたが、電池の実用化については、それほど簡単にアルカリ電池が開発されたわけではありません。電解液と同様に、電池に必要な正極、負極についてもそれぞれ改良がなされました。

　正極に用いる二酸化マンガンについては、より純度の高いものが必要でした。なぜなら、二酸化マンガンに不純物が含まれると、電解液が強アルカリなので不純物がどんどん電解液中に溶け出して、負極の亜鉛に到達してしまいます。不純物が負極の亜鉛に接触すると、その表面で析出して固体となり、これが大きくなると正極に達して正極と負極が直接つながる内部短絡の原因になります。不純物が亜鉛表面で析出しない性質のものでも、好ましくない反応を起こして水素ガスを発生させ、電池内圧を高めて漏液の原因になったりもします。

　このような理由から、正極には、マンガン電池よりも高純度の**電解二酸化マンガン**を用いています。そして、電池特性向上のため、電解二酸化マンガン製造において、電解条件・後処理条件・粉砕条件などの最適化がなされてきました。

　また、負極については、今では当然である「**水銀ゼロ使用**」のアルカリ電池を製造するために、改良が加えられました。アルカリ電池でもマンガン電池と同様、水銀ゼロ使用タイプの開発が求められましたが、アルカリ電池で水銀ゼロを達成するのはマンガン電池を水銀ゼロにするのに比べてとても大変だったのです。

というのも、アルカリ電池では、亜鉛は亜鉛板の状態ではなく、亜鉛粉末の状態で存在しており、それによって、電池反応を起こす表面積を大きくし内部抵抗を小さくして出力を大きくしています。

　以前は、この亜鉛粉末に水銀が含まれていました。なぜなら、水銀は亜鉛粉末中に添加され亜鉛と結びついた合金（アマルガム）になって亜鉛表面を覆って亜鉛が腐食するのを防ぎ、また、亜鉛粉末のネットワークを強め電子伝導性を高める役割も果たすという役割を持っていたからです。

　このような理由で負極の亜鉛には水銀が含まれていましたが、水銀ゼロを達成するために、負極の亜鉛が溶出しないような耐腐食性亜鉛合金の開発がされ、ついに**亜鉛－ビスマス合金**の開発に成功しました。また、耐腐食性亜鉛合金だけでなく、防食剤等の材料についても並行して開発し、ようやく水銀ゼロ使用電池が開発されたのです。

⚡COLUMN

電池の容量

　電池に蓄えておいて、そこから取り出せる放電容量は、電池を使い切るまでの電気の量を言い、単位としては、Ah が用いられます。スマートフォンを買うとき等に電池の容量を見てみると、単位が（m）Ah 等で表されているのが確認できます。

　基本的にはこの数字が大きければ大きいほどたくさんの電気を流せるということになりますが、使用するときの温度条件が悪かったり、一気に大電流で使用したりと、様々な要因によってこの容量どおりに電気を取り出すことができないこともあります。

　容量はバケツに入った水で考えることができます。バケツが大きければ大きいほど、水の入る容量は大きくなります。つまり、電池で言えば、多くの電気を蓄えることができるということになります。しかし、水の場合であれば、バケツの中の水を使うときは、一気に流そうとゆっくり流そうと 1 L は 1 L と決まっていまっていて、蓄えた分だけ水を流し切ることができますが、電池に溜まっている電気はそういうわけにはいかず、使用する条件によって変化します。例えば、一気に大きな電気を流した場合には、容量全部の分だけの電気を流すことはできないこともあります。

放電電圧が一定という強み ——酸化銀電池

精密さを要求される時計などに使われる

酸化銀電池は、電解液にアルカリ性の水溶液を使う、アルカリ電池の仲間に分類される電池です。普段の生活でいつも使う電池というわけではありませんが、腕時計等に使われる、銀色で小型のボタン電池と言えば、どのような電池かイメージしやすいと思います（リチウム電池やアルカリ電池でも、ボタン電池があるので、すべてのボタン電池が酸化銀電池という訳ではありません）。

その名のとおり、銀を材料に含むので、原材料が高くなります。したがって、電池全体でもコストが高くなってしまいますが、それでも使用されるのは、**放電電圧が一定であるという利点**があるというのが大きな理由です。

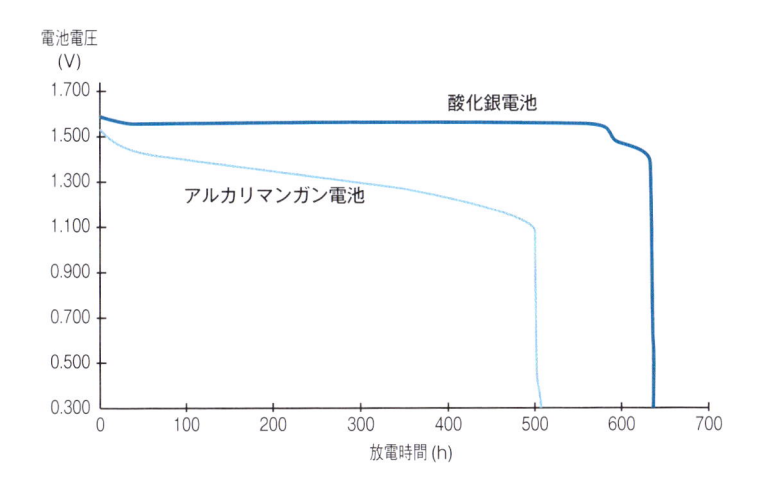

放電電圧について、上のグラフが示すように、アルカリマンガン電池（アルカリ電池）の起電力は約 1.5V ですが、実際には、電池を使っていると電圧はどんどん下がっていきます。ですから、グラフは右肩下がりとなり、こ

の条件では、300 時間あたりでは 1.3V しか出なくなり、500 時間あたりで電圧が急激に低くなっています（電池がなくなる）。しかし、酸化銀電池は時間とともに電圧が下がるということはなく、この条件では、500 時間経ったところでも公称電圧の 1.55V 付近の電圧を保ち、放電末期になっていきなり電圧が低くなります。

　このように、ずっと一定の電圧を出せるので、精密さが要求される腕時計に使われています。

酸化銀電池の構造図

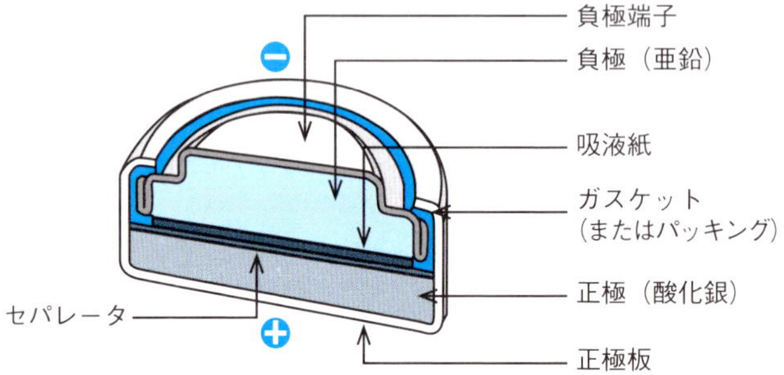

負極端子
負極（亜鉛）
吸液紙
ガスケット
（またはパッキング）
正極（酸化銀）
正極板
セパレータ

電解液:水酸化カリウムまたは水酸化ナトリウム水溶液

（参照：電池工業会 HP より）

酸化銀電池の反応

　放電のしくみは、右の図のようであり、基本的にはアルカリ電池と同様に負極は亜鉛が電解液に溶出する反応をしています。正極では、酸化銀が還元されていく反応をしますので、どんどん銀が発生していきます。

　ですので、放電しきった後には正極側には銀がたくさん出てきていることになります。

＜酸化銀電池の反応式＞

負極反応：　　$Zn + 2OH^- \rightarrow ZnO + H_2O + 2e^-$

正極反応：　　$Ag_2O + H_2O + 2e^- \rightarrow 2Ag + 2OH^-$

全体反応：　　$Ag_2O + Zn \rightarrow 2Ag + ZnO$

酸化銀電池のしくみ

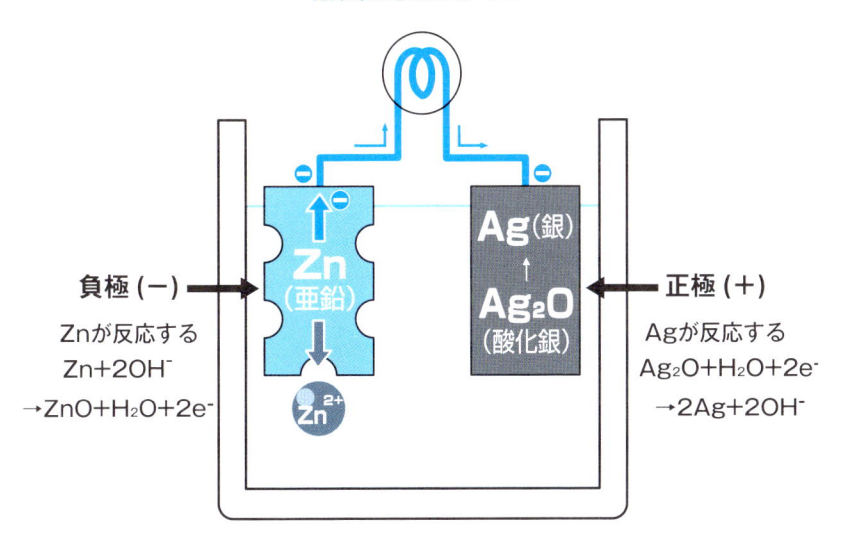

負極（−）　Znが反応する
Zn+2OH⁻
→ZnO+H₂O+2e⁻

Ag（銀）
↑
Ag₂O（酸化銀）

正極（＋）　Agが反応する
Ag₂O+H₂O+2e⁻
→2Ag+2OH⁻

小型・軽量でも、さらにパワーがある ——リチウム電池

アルカリ電池をさらに小型・軽量・ハイパワーにした一次電池

　リチウム電池は小型、軽量にもかかわらず、たくさんのエネルギーを出すことができる電池です。「リチウムイオン電池」は、よくノートパソコンやスマホのバッテリーに使われている充電ができるタイプの電池ですが、リチウム電池は名前は似ていますが、リチウムイオン電池とは違って、充電のできないタイプの電池です。リチウムイオン電池と区別するために「リチウム金属電池」「リチウム一次電池」とも呼ばれます。

　マンガン電池やアルカリ電池は、電解液をセパレータである布に浸み込ませたり、電極の役割を集電体と活物質に役割分担させたりして、とても便利な電池として開発されました。しかし、マンガン電池は体積が大きく（電池の形が大きく）、その割に取り出せる電気のエネルギー（エネルギー密度）が少ないのも事実です。アルカリ電池でも改良はされてはいますが、まだまだ十分ではありませんでした。そこで、リチウム電池が生み出されました。

　リチウム電池なんて知らないよ！と思う人もいるかもしれません。確かに、マンガン電池やアルカリ電池のように単一、単二…というような形では一般的には知られてはいませんし、リチウム電池はいろいろな形のものが用いられているので、これといったイメージをしにくいかもしれません。

　しかし、リチウム電池は、単三形、単四形でも一般消費者向けに販売されており、例えば、デジタルカメラの電源のように、大量に電気を必要とする用途に用いられています。この他にも、電池の交換をあまりしなくてもいいように、ガスメーター、水道メーターの電源に用いられたりしています。また、時計、車のキーレスエントリー、ポケット式のライト等に用いられているコイン型の電池は見たことがあると思いますが、あれもリチウム電池が用いられていることが多いです（同じような形をしたものに、酸化銀電池等の他の電池もあり、銀色をした小さい電池がすべてリチウム電池という訳では

ありません）。

　リチウム電池は、正極に二酸化マンガン等の種々の材料が用いられていますが、負極には金属リチウムを用いています。負極にあるのは金属なので、**Li^+ のような「イオン」ではありません。**ですから、「イオン」とは言わず単に「リチウム電池」という名称になっているのです。

　しかし、小型にすることができ（コイン型の電池のように薄く小さくできます）、デジタルカメラに用いられるほどのパワーある点はリチウムイオン電池と共通しています。

リチウム電池の構造

　リチウム電池は、負極（活物質）にリチウム金属を用いている電池です。しかし、正極（活物質）について、リチウム電池はいろいろな種類の材料が用いられています。

リチウム電池の構造図（ボタン型）

これを簡単にまとめると次の表のようになります。

記号	負極	電解液	正極	電圧	電池反応
B	リチウム	非水電解液	フッ化カーボン	3	$(CF)n+nLi \rightarrow n(CLiF)$
C	リチウム	非水電解液	二酸化マンガン	3	$MnO_2+Li \rightarrow MnOOLi$
E	リチウム	非水電解液	塩化チオニル	3.6	$SOCL_2+2Li \rightarrow 1/2SO_2+2LiCl$
F	リチウム	非水電解液	硫化鉄	1.5	$FeS_2+4Li \rightarrow Fe+2Li_2S$
G	リチウム	非水電解液	酸化銅	1.5	$CuO+2Li \rightarrow Cu+Li_2S$

　この表の中で記号というのは、前述もしましたが、電池の種類を示すものです。例えば、「CR2032」というようにボタン電池が売られていることがありますが、このときの最初のアルファベットの「C」は、リチウム電池で正極に二酸化マンガンを用いているものだということを示しています。

　なお、「R」というのは、円筒型のボタン電池ということを表し、「2032」の最初の2桁の「20」は電池の直径が20mmであること、最後の2桁の「32」は電池の厚さが32mmであることを示しています。

　電池反応は全反応を示しています。負極については、金属リチウムがイオンになって電子を放出する反応で、

$$Li \rightarrow Li^+ + e^-$$

が起きています。

リチウム電池の反応

　電池反応は、負極はリチウムを用いているので同じですが、正極は用いる活物質に応じて反応は異なります。ここでは二酸化マンガンを用いた例を挙げます。

＜リチウム電池の反応式＞

負極反応：　　$Li \rightarrow Li^+ + e^-$

正極反応：　　$MnO_2 + Li^+ + e^- \rightarrow MnOOLi$

リチウム電池のしくみ

負極（−）
Liが反応する
$Li \rightarrow Li^+ + e^-$

正極（＋）
MnO_2が電子と
リチウムイオンを
受け取る
$MnO_2 + Li^+ + e^-$
$\rightarrow MnOOLi$

Li（リチウム）

Al等
（アルミニウム）
集電体

MnO_2

$MnOOLi$

Liイオンが溶解した非水電解液（有機溶媒）

※集電体として銅箔等
が用いられることもある。

リチウム電池の特徴

リチウム電池の特徴を並べると以下のようになります。

高電圧が得られる

負極の電極に金属リチウムを用いています（マンガン電池やアルカリ電池は亜鉛を用いていました）。リチウムは金属の中で最も「卑」な金属（金やプラチナのような「貴」な金属の逆で、**イオンとなりやすい、溶けやすいという性質**を持っています）なので、これがイオン化する際のエネルギーはとても大きいものです。したがって高い電圧を持つ電池となります。

容量が大きい

リチウム電池の容量は大きく、**マンガン電池の約10倍の容量**を有しています。使用条件によって電圧の変化が異なるため、単純な比較は難しいです

が、マンガン電池と比べると約 10 倍長持ちする電池となります。

自己放電が少ない（未使用期間の寿命が長い）

マンガン電池やアルカリ電池はずっと電池を使わないまま放っておくと少しずつですが、電池が減っていくということがあります。できるだけ自己放電は起きないようには改良されていますが、それでも自己放電は起きているのです。しかし、リチウム電池ではほとんど自己放電は起きていません。したがって、未使用状態で保存しておいても電池が減るということがほぼありません。

低温でも使用可能

リチウムが反応性が高い金属であることは説明しましたが、それにより電解質は水溶液を用いることができず、非水電解液（有機溶媒）を用いています。硫酸などの水溶液を電解液として用いた電池では、電解液が凍結すると使用することはできません。しかし、有機溶媒は氷点下となっても凍結しませんので、リチウム電池は低温に強い電池となっています。

以上が、本書で紹介する一次電池（充電できないタイプの電池）です。「ボルタ電池」から始まって、比較的小型で簡単に持ち運びができる「マンガン電池」になり、その電解液をアルカリ水溶液にして、パワーを増した「アルカリ電池」が登場し、その後、よりパワーが出てコンパクトになった「リチウム電池」へと電池は発展してきました。

しかし、これらの電池は十分小さくできて強い力を出せるのですが、充電をして使う電池ではありません。

身の回りのいろいろな電池
—— 二次電池

二次電池って何？

　二次電池とは**充電ができるタイプの電池**を指します。二次電池は、一次電池と同様に、放電の際には、化学エネルギーを電気エネルギーにして取り出しています。そして、特徴的なのが、二次電池に電気エネルギーをかけると、電池内で反応を起こして、化学エネルギーを電池内に蓄えることができることです。電気を蓄えることができるので、安全性や充電のための装置の用意等に気を配る必要がありますが、種々の用途に便利に用いることができます。

　CHAP.1 の「電池の出回り」データで紹介したように、日本における電池の販売金額では約 9 割ものシェアを占めるのが二次電池です。

　自動車のバッテリーに使われる鉛蓄電池から、ラジコンのモーターなどに使われたニカド電池、100 年ぶりに登場した二次電池で、二次電池を革命的に進化させたと言われたニッケル水素電池、そしてさらにパワーアップしたリチウムイオン電池は、現在電池産業の主流にもなり、その進化は全固体電池にも引き継がれています。

　なかでもリチウムイオン電池は、現在もっとも研究開発・生産競争の激しい分野で、従来からの電池メーカーはもちろんのこと、トヨタなどの自動車産業、化学産業など業種を超え、さらに日米のほか中国、韓国など世界各国が凌ぎを削っています。

　したがって、本章では二次電池のうち、鉛蓄電池、ニカド電池、ニッケル水素電池を取り上げ、まず二次電池の充放電の基本を知っていただきます。

　リチウムイオン電池については、次章にて単独で解説していきたいと思います。

もっとも古くからある二次電池で
活躍の場も広い鉛蓄電池

鉛電池の構造と充放電のしくみ

鉛蓄電池は 1859 年（日本では江戸時代で安政の大獄が行われていました）にフランスのガストン・プランテによって発明された最も古い二次電池であり、また最も代表的な二次電池でとも言えます。とても古くに発明された電池ですが、改良を加えられながら、現在でもカーバッテリーや産業用機器の動力源等で使われ続けています。

鉛電池の構造図

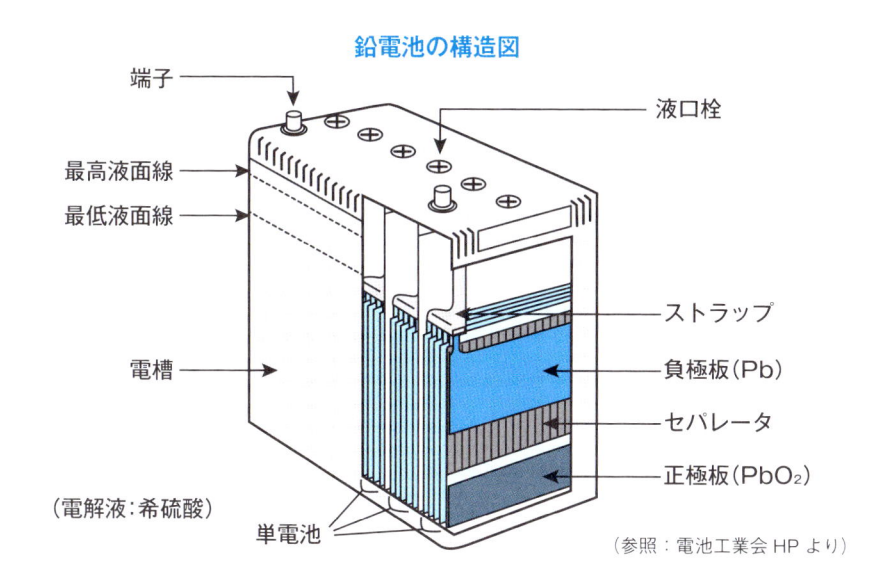

端子　最高液面線　最低液面線　電槽　（電解液：希硫酸）　単電池　液口栓　ストラップ　負極板（Pb）　セパレータ　正極板（PbO$_2$）

（参照：電池工業会 HP より）

負極活物質に Pb（鉛）、正極活物質に酸化鉛（PbO$_2$）、電解液に硫酸の水溶液を用いることで、電気を取り出しますが、実際に用いるときには、内部の副反応や外部の衝撃から負極及び正極が電池の中で直接触れてショートを起こすことを避けるために、セパレータを配置します。

鉛蓄電池は、単電池では 2V 程度の電圧が得られます。しかし、一般的に

よく見るバッテリーでは、より高い電圧を得るために、単電池を数個並列または直列に接続し、合成樹脂製の電槽に納めています。例えば自動車用では、単電池を直列に6個つないで12Vの電圧が得られるようにしていますので、このような電池が車のエンジン部分に載っているのを見たことがある人も多いと思います。

　鉛蓄電池は二次電池であることから充電も放電もできますが、放電については一次電池と同様に、負極の材料が電解液に溶出し、正極には負極が溶出してイオン化した際に放出された電子を受け取る材料が配置されています。

　鉛蓄電池の反応を表すと、放電時には負極、正極では下記のとおりの反応が進んでいます。

＜鉛電池の放電時反応式＞

負極反応：　$Pb + SO_4^{2-} \rightarrow PbSO_4 + 2e^-$

正極反応：　$PbO_2 + 4H^+ + 2e^- + SO_4^{2-} \rightarrow PbSO_4 + 2H_2O$

　そして、充電をするときにはこれと逆の反応が起きます。すなわち、電池に負荷をかけることで、負極の溶け出したい・イオン化したいという材料に対して、逆の方向である、金属になるようにさせるのです。

　このときの反応は下記のとおり進んでいます。

＜鉛電池の充電時反応式＞

負極反応：　$PbSO_4 + 2e^- \rightarrow Pb + SO_4^-$

正極反応：　$PbSO_4 + 2H_2O \rightarrow PbO_2 + 4H^+ + 2e^- + SO_4^-$

　したがって、全反応式は下記のようになるのです。

＜鉛電池の全反応式＞

$PbO_2 + Pb + 2H_2SO_4 \Leftrightarrow 2PbSO_4 + 2H_2O$

　化学式を見てもわかるように、充電と放電は可逆反応になっているので、充電と放電を繰り返すことができます。また、放電時に負極では Pb、正極では PbO_2 消費されています。ここから、負極の活物質は Pb、正極の活物質は PbO_2 となっています。

次に、鉛蓄電池のしくみを図で表します。

鉛電池：放電のしくみ

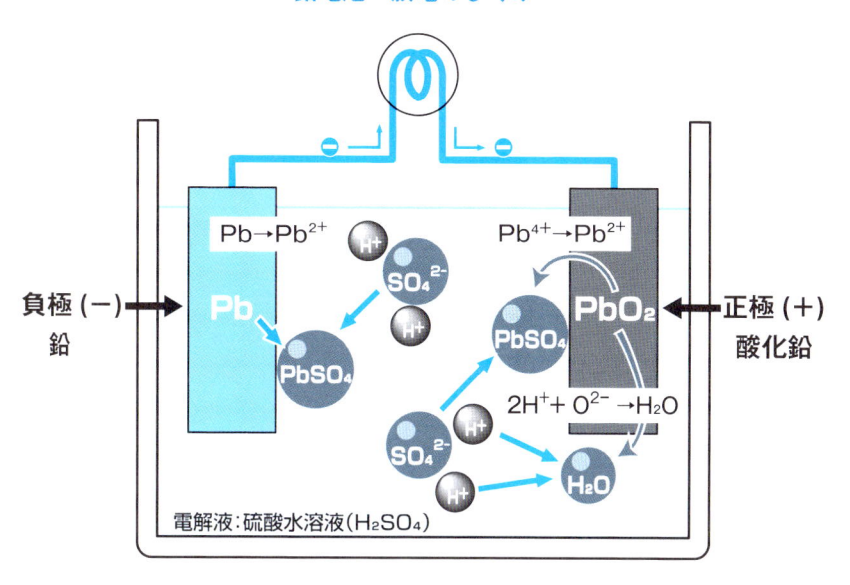

鉛電池：充電のしくみ

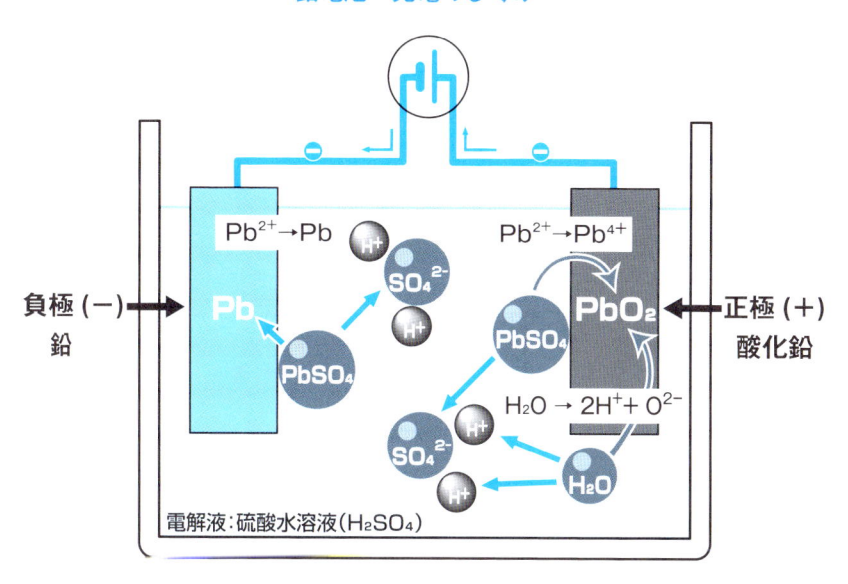

鉛蓄電池は、鉛（Pb）を負極に、酸化鉛（PbO_2、Pb に注目すると、Pb^{4+}の状態）を正極に配置させ、電解質（電解液）として、薄い硫酸を使用します。つまり、最初に充電されている状態では Pb や Pb^{4+}といった、いわば鉛にとって不安定な状態にしておきます。電気が欲しいときに回路をつなぐと薄い硫酸により鉛が酸化され、Pb が $PbSO_4$ になる一方で（この段階で Pb は Pb^{2+} となる）、酸化鉛（PbO_2）も $PbSO_4$ になります（この段階で、Pb^{4+}の状態が、Pb^{2+}の状態となります）。このように、隙があれば、Pb は Pb^{2+}になりたい、Pb^{4+} は隙があれば、Pb^{2+} になりたいと思っているのをうまく利用し、回路を作ったときに、どちらも Pb^{2+}である、硫酸鉛になります。

　そして、電気回路を逆に回そうとすると、その逆反応が起きます。そうすると、逆反応が素直に起きてくれるのです。

　鉛蓄電池は、反応に電解液が関与しています（後から説明するリチウムイオン電池では、電解液はイオンの通り道となっているだけで、電解液は反応に関与していません）。ですから、容量を大きくしようとすると、電解液の量も多くする必要があります。

始動用バッテリーとディープサイクルバッテリー

　鉛蓄電池は、とても古くに発明された電池で、改良されながら現在に至るまで使用されていることは説明しました。その中で、使用目的に応じて進化した改良があり、代表的な例は、始動用バッテリーとディープサイクルバッテリーです。

　これらはそれぞれ、必要とされる場面にうまく適用されるように改良されました。

　電気を利用する際には、瞬間的でもいいので大きな電流を必要とする場合や、同じような大きさの電気をずっと使い続けたいときがあります。すると、それぞれ違ったタイプの電池が必要となります。

　始動用バッテリーは、瞬間的に大きな力が必要とされる場面で用いられます。例えばエンジンを始動するときにはたくさんの電気を必要とします。止まっていたものをいきなり動かすといっただけで、とてもエネルギーを使う

ことはイメージしやすいかと思いますが、エンジン等を始動させるために、真冬のような冷え切った状態からでも一気に電気を流して機械を始動させます。

そして、ここまででバッテリーの働きが終わるのが始動用バッテリーです。例えば、自動車の場合は、エンジンがかかった後も、エンジンを動かすためや、カーエアコン、カーステレオ等に電気をたくさん使いますが、これらの電気は、エンジンが動いてしまえば自動車の発電機（オルタネーター）から供給されるので、普通は電池からの電気は使っていません（とは言え、最近の車は信号等で止まったときに自動的にエンジンが切れることがあります。この場合は、エンジンが止まってしまうので、蓄えておいた電気を使う必要があります）。

この性質を発揮するために、始動用バッテリーは、電極の構造として、鉛スポンジでできた薄いプレートをたくさん持った構造をしています。こうすることで、電極のプレートが電解液に触れる表面積を増やしているのです。しかし、その分深く放電してしまうと、鉛の消耗が激しくなり、蓄電池としての性能が落ちて、充放電ができなくなっていってしまいます。

実際に始動用バッテリーは、容量の数パーセントを一気に放電することを想定されています。

これに対して、**ディープサイクルバッテリーは、ずっと電気を流し続ける場面で使用されます**。例えば、ゴルフ場などの電動カートや工場で用いられている搬送機、フォークリフトなどに用いられています。

ここで用いられる電気の特徴は、動力として（エンジン等ではなく）電池を使っており、同じような出力で比較的長時間使用し、状況によっては、電池がほとんどなくなるまで使い続ける（深い放電をする）ことも想定されています。

この場合でも、ディープサイクルバッテリーは、再度満充電をして使用でき、**深い放電を繰り返しても電池寿命が極端に短くなるということはありません**。

何度も深い放電を繰り返しても寿命が極端に短くならないという性質を発揮するために、ディープサイクルバッテリーは、電極の鉛がスポンジではな

く板状のプレートになっており、それも始動用バッテリーよりも厚くなっています。

　こうすると、鉛の表面積が減るため、電解液との反応を一気に進めるということはできません。したがって、一気に大電流を流すということはできなくなってしまいますが、その分電池の寿命は延びます。鉛蓄電池が充放電しなくなる原因として、鉛が電極から落ちて充放電に関与しなくなることが挙げられますが、プレートを厚くすると、この状況を発生させることを抑えることができます。

　ところで、ディープサイクルバッテリーは、深く放電をすることを意図しているために、電気を蓄える容量がどの程度で、どの程度の電気の大きさで流すことができるかということに注意して使用します。そして、リチウムイオン電池等と同様に、電池の容量の分だけ満充電して使用しても、使用条件によって容量いっぱい使える場合と使えない場合があります。一般的に大きな電流を流す場合には、定められている容量の分だけ電気を取り出すことができず、小さな電気を流し続けている場合には、定められている容量の分に近い程度まで電気を使用することができます。

バッテリーが上がる——サルフェーション

　鉛蓄電池でもう一つ特徴的なのは、「サルフェーション」と呼ばれる現象が起きてしまうということです。サルフェーションは、英語では sulfation と書き、「硫酸化」という意味ですが、特に鉛蓄電池では、**電極の周りに硫酸鉛（$PbSO_4$）がまとわりついて、硫酸鉛が電解液に溶け出さなくなった状況**のことを表します。

　硫酸鉛は、放電をすると電極上に析出する物質で、電気を通さない物質ですが、鉛蓄電池で初期に析出されるもの（バッテリーが新しい状態）は比較的柔らかい物質であり（非晶質）、充放電が行われているときは、簡単に電解液の硫酸に溶け出します。溶け出してくれれば、また充放電ができるようになるので問題とはなりません。

　しかし、放電をしてそのまま放置していた等、硫酸鉛が電極の周りに存在

する状況が長く続いた場合、徐々に硫酸鉛の硬化が始まり（結晶化）、電解液の硫酸には溶け出さなくなります。すると、そこの部分は、電極が使えなくなってしまうので、充放電に利用できる電極がどんどん減っていきます。

　このような状態を「サルフェーション」と言います。長い間運転していなかった自動車のエンジンがかかりにくいということがありますが（バッテリーが上がっている状態）、これは、まさにサルフェーションが起こっている可能性があり、バッテリーの充放電をせず、長い間放置していた結果、硬い硫酸鉛が電極の周りにまとわりついて、結果として、電池の電極としての機能を果たしづらくなっている可能性が高いと言えます。

カーバッテリーの規格について

　鉛蓄電池は自動車のバッテリーとしてもっとも古くからある二次電池ですが、このバッテリーには通常の電池とは違った規格表記がなされています。

　自動車用のバッテリーには、一般車両用では 12V、大型車両用で 24V が使われています。また、オートバイなどには 6V タイプも使われています。

　また、その他にもバッテリーの規格には様々なものが存在します。

　規格表示の代表的なものとして「40B19L」というようなものがあります。

40　B　19　L

① 性能ランク　② 短側面サイズ　③ 長さ　④ 極性位置

　最初の「40」はバッテリーの性能ランク数値で、次ページの「バッテリー表示と 5 時間率」の表から、40 ならば容量は 28Ah とわかります。

　「B」はバッテリーの幅と高さを表す記号です（バッテリー電槽の短側面）。

　「19」はバッテリーの長さが 190 ミリという意味です（バッテリー電槽の長側面）。

　最後の「L」はバッテリーのプラスの端子を手前側に置いて見たときに、負極端子が右側（R）にあるか左側（I）にあるかということで決まり、上の例では L ですから左側に負極端子がくるということです。

これらの表示の中で一番重要なものは最初の性能ランクである「40」という数値になります。

「性能ランク」はバッテリーの容量を示す数値ではなく、バッテリーの総合性能を表す数字です。この数字が大きいほど始動性能と容量が大きくなります。50 未満は 2 刻み、50 以上は 5 刻みで表示します。

バッテリー表示と5時間率(Ah)

JIS形式	(Ah)	JIS形式	(Ah)
26A19R(L)	21	55D23R(L)	48
28A19R(L)	21	65D23R(L)	52
30A19R(L)	21	70D23R(L)	52
32A19R(L)	24	75D23R(L)	52
34A19R(L)	24	80D23R(L)	52
28B17R(L)	24	48D26R(L)	64
34B17R(L)	27	48D26R(L)	40
34B19R(L)	27	55D26R(L)	48
36B20R(L)	28	65D26R(L)	52
38B20R(L)	28	75D26R(L)	52
40B19R(L)	28	80D26R(L)	55
42B19R(L)	30	85D26R(L)	55
46B24R(L)	36	90D26R(L)	55
50B24R(L)	36	65D31R(L)	56
55B24R(L)	36	75D31R(L)	60
60B24R(L)	36	85D31R(L)	60
32C24R(L)	32	95D31R(L)	64
50D20R(L)	40	105D31R(L)	64

JIS 規格 バッテリーサイズ記号一覧
(mm)

記号	幅	高さ
A	127	162
B	129（127）	203
D	173	204
E	176	213
F	182	213
G	222	213
H	278	220

このバッテリー「40」の場合、容量は 28Ah です。

国内の自動車用バッテリーはすべて「5 時間率」で容量が表記されていますので、5.6 A（= 28Ah ÷ 5h）の電流を 5 時間流すことができるという意味になります。

通常のバッテリーの電圧は 12V ですから、12V × 5.6A = 67.2W を 5 時間消費できる計算です。ただし、これはすべてを使い切った場合ですが、例えば自動車の場合は 60 ～ 70％の消費でエンジンの始動限界を超えてしまいます。

国産の自動車用バッテリーは、この 5 時間率を使用していますが、外国製は 20 時間率を、オートバイ用は 10 時間率を採用しています。

乾電池として活躍してきたニカド電池

ポータブル機器の電源として活躍してきた二次電池

　鉛蓄電池のあとに登場した二次電池として現在も用いられているものに、ニカド（ニッカド）電池があります。ニカド電池は、1899 年（明治 32 年）にスウェーデン人のユングナーによって発明されました。

　この電池は、鉛蓄電池に比べ、エネルギー密度が高く、急速充放電や温度特性に優れており、過酷な充放電条件に耐えられる電池です。また、電池の密閉化が可能で、主として、ラジコン等の玩具やポータブル機器の電源として用いられていました。

　ニカド電池の材料の構成は、正極活物質にオキシ水酸化ニッケル（NiOOH）、負極活物質にカドミウム（Cd）、電解液にアルカリ水溶液（水酸化カリウム）を使用します。

ニカド電池の構造図

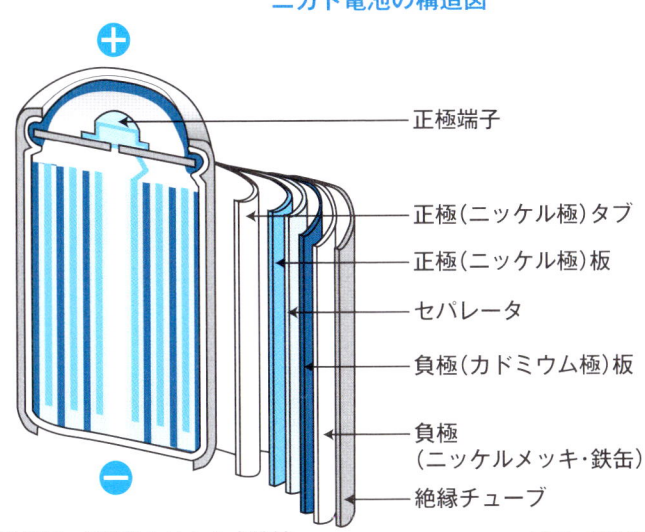

正極端子

正極（ニッケル極）タブ

正極（ニッケル極）板

セパレータ

負極（カドミウム極）板

負極
（ニッケルメッキ・鉄缶）

絶縁チューブ

電解液：水酸化カリウム水溶液

（参照：電池工業会 HP より）

電解液について、一次電池の乾電池でも、マンガン電池（塩化アンモニウム）→アルカリ電池（水酸化カリウム）と酸性の電解液からアルカリ性の電解液へと進化しましたが、二次電池でも鉛蓄電池（硫酸水溶液）→ニカド電池（水酸化カリウム）と酸性の電解液からアルカリ性の電解液へと進化しました。このあたりの進化の仕方が共通しているのもなかなか興味深いところです。

ニカド電池の反応

それぞれの極について反応を見ると、負極では次の反応が起こっています。

負極：　　　$Cd + 2OH^- \rightarrow Cd(OH)_2 + 2e^-$　（放電）

この反応は、鉛蓄電池の負極と同じような反応で、カドミウムが充電時に金属カドミウムとなり、放電時に水酸化カドミウムとなる、すなわち、溶解・析出の反応が進んでいます。
一方で、正極では下記の反応が起こっています。

正極：　　$2NiO(OH) + 2H_2O + 2e^- \rightarrow 2Ni(OH)_2 + 2OH^-$（放電）

<ニカド電池の全反応式>
$2NiO(OH) + Cd + 2H_2O \Leftrightarrow 2Ni(OH)_2 + Cd(OH)_2$

この反応は、鉛蓄電池の反応とは大きく異なります。つまり、正極では、$NiOOH$ に H^+ イオンが入ることで放電が起き、$Ni(OH)_2$ から H^+ イオンが抜けることで充電が起こっています。
ここでは、鉛蓄電池の正極で見られたような、活物質の溶解・析出の反応は起こっていません。これは、ニカド電池の特徴で、正極において単に H^+ イオンの拡散による反応が起きて、溶解・析出が起きていません。これにより、鉛蓄電池よりも活物質に負担がかからなくなっています。

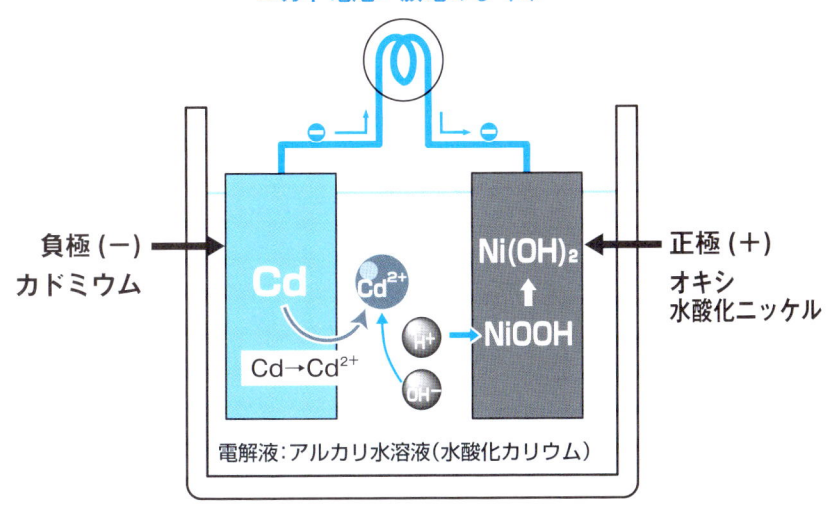

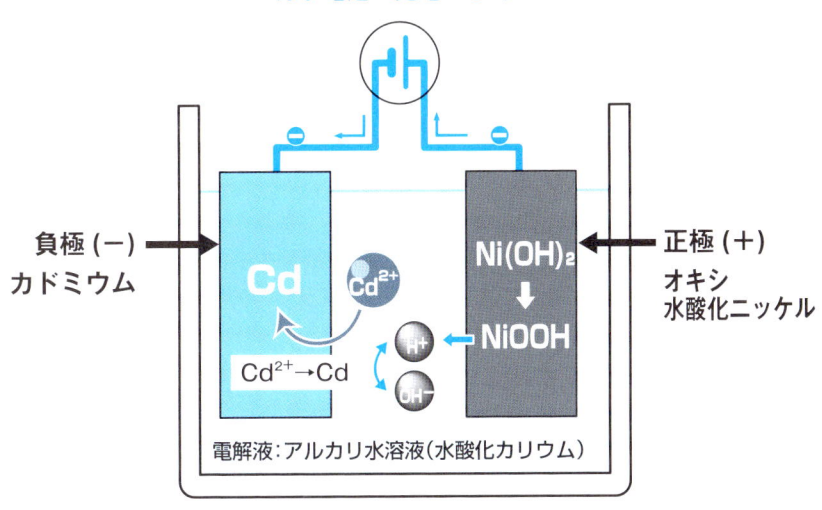

ニカド電池が蓄電池の主役を奪われた理由

　現在のニカド電池は、ユングナーの発明にさらに改良がなされ、電極を焼結式のものとすることで機械式強度が増し、大きい電流密度での放電や低温特性に優れたものとなりました。また、負極（カドミウム）の容量を十分とっ

ておくことで副反応が起きたときのガス発生を抑え、内圧上昇による爆発の危険性が下がり完全密閉することに成功しました。

この技術革新により、ニカド電池は 1960 年に米国で商品化され、日本では 1963 年頃から三洋電機、松下電器産業によって生産が開始されました。

ニカド電池は公称電圧が 1.2V でこの値を放電の末期まで維持します。公称電圧が 1.2V であることから、マンガン電池やアルカリ電池が使用されていたところをニカド電池で置き換えることができます。

現在でも小さな電気を流す家電や玩具で用いられることがありますが、ニカド電池は、その後実用化されたニッケル水素電池に比べるとエネルギー密度が低く、またイタイイタイ病を引き起こした金属であるカドミウムを負極材料に用いていることから、環境に負荷がかかることは否めません。

また、自己放電が大きく 1 カ月当たり 15％ほど放電してしまい、さらに、メモリー効果も起きやすいというデメリットを有しています。

このような理由により、1994 年にはピークとなる 9 億個が販売され、その後も蓄電池の主役になるかと思われましたが、現在は後から登場したニッケル水素電池やリチウムイオン電池に置き換えられています。

⚡COLUMN

メモリー効果

電池を充電する際に、最後まで放電をしきってから充電をするのではなく、使い切らずまだ電池が残っている状態で、充電をする場合があります。これを繰り返していると、まるで電池が途中まで使っていたところ（使い切らず充電を開始した場所）を自分の容量と記憶したかのように、本来の容量に比べて少ない容量までしか充放電に利用できない状態となることがあります。これを「メモリー効果」と言います。

しかし、電池によってメモリー効果を起こしやすい電池と起こしにくい電池があります。リチウムイオン電池はメモリー効果を起こしづらい電池で、「放電しきってから充電をしないといけない」というように気を使う必要がそれほどありません。一方で、ニッケルカドミウム電池、ニッケル水素電池はメモリー効果を起こしやすい電池になります。

こうしたメモリー効果を起こさないようにするためには、電池を放電してから充電するという「リフレッシュ」が必要になります。

ニカド電池誕生から約 100 年後に登場した ニッケル水素電池

水素吸蔵合金の発見によって生まれた

この電池は、正極にニカド電池と同じオキシ水酸化ニッケル（ニッケル正極）を使い、負極には水素の吸蔵・放出を行う合金、「水素吸蔵合金」を採用している電池です。リチウムイオン電池と同様、1990 年代に実用化され、ハイブリッド自動車にも採用された電池です。

「水素吸蔵合金」は、合金の構造にある種の隙間が存在し、その隙間に、水素が出たり入ったりすることができるという性質を持った合金のことです。水素が金属に出たり入ったりするというのをイメージしづらいかもしれませんが、合金と水素が反応して一体化するというより、水素が合金の構造の隙間に入っている状態で存在しているといった状態になる性質を持った合金のことです。

ニッケル水素電池の登場により、すでに製品化されていたニカド電池の正極に加え、負極側も溶解・析出を起こさない電極が登場したこととなりました。その効果として、電気を蓄えたり放出したりする際の反応で、より電極に負担がかからなくなっています（鉛蓄電池は、正極、負極ともに溶解・析出しますし、ニカド電池では、負極は溶解・析出反応をします）。

ニッケル水素電池の特徴となる電極を形成する水素吸蔵合金の存在自体は、以前から知られていました。しかし、量産タイプの電池電極に用いるためには、次のような要件が必要です。

①耐酸化性があり、アルカリの電解液に対しても安定に存在した上で

②常温程度の温度環境で水素を吸蔵・放出する必要があり、さらに吸蔵・放出を繰り返しても劣化が少なく

③電極触媒活性が高く、水素拡散速度が大きい上に

④材料が安価であること

このような材料が開発されるまでには時間がかかりました。

まずは、1970 年前後にオランダのフィリップス研究所において LaNi₅ 水素吸蔵合金が発見され、これを電極に用いることでより安定して十分な容量を確保することができました。そして、1990 年に、この合金に使われる La（ランタン）に代えて、よりコスト的に安い希土類元素を用いた合金を負極に備えた電池が三洋電機と松下電池工業により実用化されました。

　ニカド電池が発明されたのは 1899 年ですから、それ以来、約 100 年かかって新しい蓄電池が実用化されたのです。現在までに開発された水素吸蔵合金の例を下に示します。

合金系列	合金の例
AB₅系	LaNi₅、MnNi₅
AB₂系	CaMg₂、TiMn₂、ZrMn₂、ZrV₂、ZrCr₂
AB 系	TiFe、TiNi、TiCr、ZrNi、MgNi
A₂B 系	Ti₂Ni、Zr₂Ni、Mg₂Ni

　これらは、高容量化、軽量化、高活性化、長寿命化、低コスト化等を目的として開発され、LaNi₅ から、現在は示した表の中の「合金系列」の A に希土類元素を用い、B にニッケルや、マンガン、マグネシウム等を含む合金が用いられています。

ニッケル水素電池の充放電のしくみ

　電池の充放電のしくみは次ページのとおりです。

　充電時には、正極活物質の水酸化ニッケルから水素が放出され、水酸化ニッケルはオキシ水酸化ニッケルとなり、ニッケルは二価から三価になります。負極では、負極活物質である水素吸蔵合金に水素が吸収されていき、ここで水素を貯蔵します。

　　$Ni(OH)_2 + OH^- \rightarrow NiO(OH) + H_2O + e^-$　（充電時）

　そして、放電時には、負極活物質上で吸蔵していた水素は放出され、水素吸蔵合金から水素がなくなった状態となります。正極では、オキシ水酸化ニッケルが水素を受け取って水酸化ニッケルとなります。

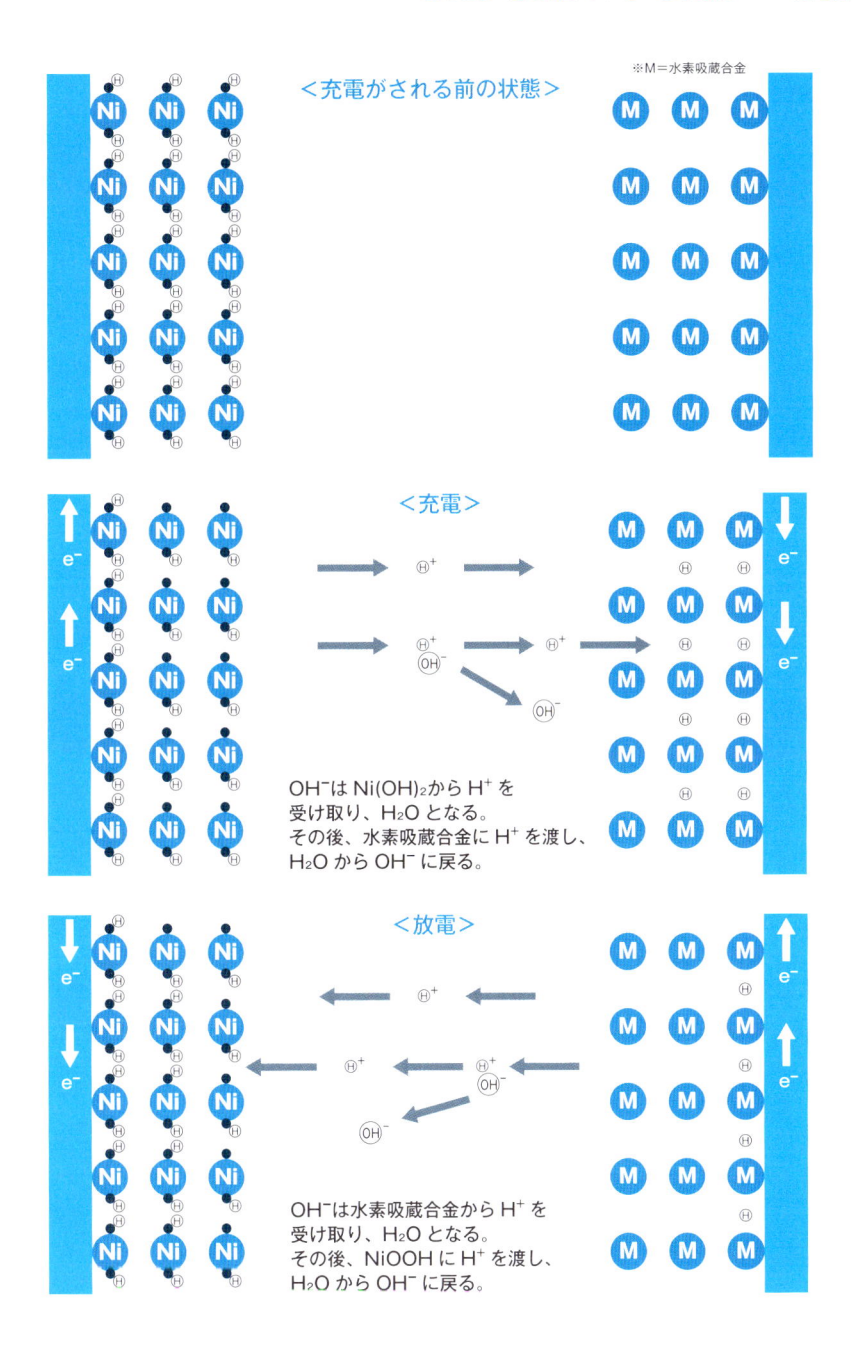

<充電がされる前の状態>

※M＝水素吸蔵合金

<充電>

OH^-は $Ni(OH)_2$ から H^+ を受け取り、H_2O となる。その後、水素吸蔵合金に H^+ を渡し、H_2O から OH^- に戻る。

<放電>

OH^-は水素吸蔵合金から H^+ を受け取り、H_2O となる。その後、$NiOOH$ に H^+ を渡し、H_2O から OH^- に戻る。

このときに、電解液であるアルカリ電解液（KOH 等）は、水酸化イオンとなったり水となったりして、水素の受け渡しの仲介役を行います。

　全反応で見ると正極と負極の間を水素が移動するだけのシンプルな反応機構になっています。繰り返しになりますが、これによって電極の溶解・析出反応をしておらず、電極の活物質に対するインサーション反応を利用しているので、電極のサイクルに対する安定性が上がり、電池の長寿命化につながります。同時に、電極の高密度化と高出力化、優れた電池特性が得られる材料・構造の選択も可能になっています。

$$負極 \quad MH + OH^- \quad \rightarrow \quad M + H_2O + e^- \qquad （放電時）$$
$$正極 \quad NiO(OH) + H_2O + e^- \quad \rightarrow \quad Ni(OH)_2 + OH^- \quad （充電時）$$
$$全反応 \quad NiO(OH) + MH \quad \Leftrightarrow \quad Ni(OH)_2 + M$$

MH: 水素吸蔵合金

ニッケル水素電池のメリット・デメリット

　ニッケル水素電池は、**ニカド電池に比べて２倍以上の高エネルギー密度**が実現されています。電圧は 1.25V で、アルカリ電池やニカド電池と同程度であることから、アルカリ電池から置き換える用途で使用されることがあります。また、電池特性が良いだけではなく、ニカド電池（カドミウムが電池材料に含まれる）のように**危険な金属を使いません**ので、ニカド電池に置き換えて使用されることもあります。

　一方で、ニッケル水素電池は、使用方法によっては，正極の容量が低下することによって（ニカド電池と同じ正極を使っています）、**メモリー効果も起こす**ことがあり、この点はニッケル水素電池の課題となっています。

　ニッケル水素電池はニカド電池に比べて優れた点が多く、ハイブリッド電気自動車、PC のバッテリー等に広く用いられていました。現在では、その役目をリチウムイオン電池に譲ることも多くなっていますが、それでも、

　①有害元素を含まない

　②安全性が信頼性が高い

　③高容量、高出力、長寿命

ニッケル水素電池の構造図

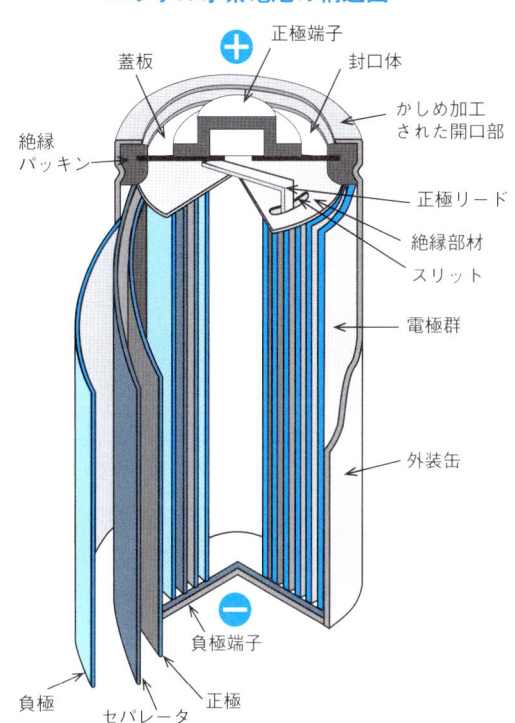

という特性は優れており、現在でも家電製品や自転車のアシストの電源等で一定の役割を果たしています。

また、「エネループ」という商品名で売り出されている充電可能な電池は今でも一般家庭でもよく見られる電池と言えるでしょう。

電池の地位を一気に高めた リチウムイオン電池

リチウムイオン電池は、1990年代に日本で商品化された電池です。世界的にも「リチウムイオン電池」と呼ばれていますが、その名前は、電池を商品化したソニーが名づけたと言われています。

リチウムイオン電池はとても小さく軽い電池で、さらに大きなパワーを出すことができます。こういった優れた性能を有していることから、リチウムイオン電池は、スマートフォン、PC、掃除機等、私たちの生活にもどんどん入り込んできています。

形状記号	電池形状
R	円形（円筒形、ボタン形・コイン形）
F	角形、平形

リチウムイオン電池はすでに商品化されてから長い期間を経ていますが、電池の性能をより良くしようとする研究がいまだに盛んに行われています。そのハイスペックな性能ゆえに、小型化だけでなく、何台も連結することによりさらにパワーアップさせる研究開発でも、電気メーカーはもちろん、化学メーカーや自動車メーカーまで開発に力を入れています。

最近、実用化間近として話題となっている全固体電池もリチウムイオン電池の仲間であり、全固体電池が実用化されると、電池が燃えるというリチウムイオン電池の短所を抑えることができ、特に自動車の分野で広く普及するのではないかと言われています。

詳細は、次章以降で述べます。

二次電池の「充放電」について ——特に高速で充電するということ

Cレート—— 1 時間で満充電できる電流の大きさ＝ 1C

　電池にはどれだけ電気を溜めることができるかという容量が決まっています。この容量全部に充電（満充電）する、または放電する電流のことを「Cレート」で表し、1 時間でその電池（自分が性能を知りたい電池）の容量全部に充電できる電流の大きさを「1C」と言います。Cの値が大きくなると、短い時間で電池の容量全部の充電または放電ができるということになります。

　例えばスマホの電池で容量 3000 m Ah（3Ah）と書いてあれば、1C 放電すると、3A の定電流で 1 時間放電するということを表します。

　充電はこの逆なので、1C 充電するということは、3 A の定電流で 1 時間充電すると、容量いっぱいの満充電ができるということになります。

　このCレートは、大きいほど大きな電流が流れているということになり、充電で考えると、早く充電できるということになります。上の電池の場合、2 C 充電すれば、6A の電流で 0.5 時間（30 分）で、10C 充電すれば 30A の電流で 6 分で満充電ができるということになります。1 より小さい数で表すとすると、0.5C 充電では 1.5A の電流で 2 時間で、0.1C 充電すれば 0.3A の電流で 10 時間でそれぞれ満充電ができるということになります。

　Cレートで表すことの便利な点は、どのような電池でも（電池の容量等がわからない場合でも）、**2Cと言えば、30 分で満充電（放電）ができ、6C と言えば、10 分で満充電（放電）ができる**程度の電気が流れている、流すことができる電池だとわかるという点です。Cレートが大きければ、大きな電流を流していると理解できます。

　なお、最近はスマホ等で 2 時間で満充電にできるといった商品があるようですが、ここからもスマートフォンのような比較的小さな電池でも 2 時間程度で満充電にする（0.5C 充電）のはとても速いことがわかります。

高速充電と電流

　充放電をするときに、C レートの大きさで充放電の速さを表すことから、高速充電もよく C レートと関連付けられて説明されます。

　大きな C で充電するほど早く充電ができるということを説明しましたが、10 分で満充電しようとすると 6C 充電、5 分で満充電しようとすると 12C 充電で、ガソリン車なみの 3 分で充電をしようとすると 20C 充電ということになります。

　計算ではこのとおりになりますが、現在普及している一般的なスマートフォンでは、満充電までに 2 時間以上かかることが多いと思います（0.5C 以下となる）。ですから、6C や 12C というのは、非常に大きな数字ということが感覚として理解できると思います。

　実際に 6C 充電や 12C 充電ができる電池を提供するには、非常に高度な技術が必要になります。

高速充電のときに使う電気を身近な例で換算すると

　高速充電は、電池側の技術も高度なものになりますが、電池に供給する電力的にも非常に大きな電力が必要になり、電力の供給側にも高度な技術が必要となります。

　具体的な数値にすると理解しやすいと思いますので、現在すでに身近にある電気自動車で高速充電について考えてみます。

　例えば、容量が 94Ah（33kWh) のバッテリーを積んだ電気自動車を 1 時間で充電しようとすると、1C 充電をするということですから（これでも、1 台だけで、ガソリンスタンドで充電するよりも多くの時間がかかり、10 台並んだら、10 時間かかるという計算になります）、上で示したように、94A で 1 時間電流を流すと満充電できます。

　1 時間では高速充電とは言えないので、例えば、ガソリンを満タンにするのに 6 分かかるとして同程度の 6 分で充電を完了させようとすると、10C 充電をするということになります。これは、計算では 940A で 6 分電気を

流せば満充電できるということになります。

940A とは非常に大きな電流です。

人間の体は電気抵抗が高いのでそれほど電気が流れやすいわけではないですが、参考までに人間に電流が流れたときに、どれくらい危険なのか、その強さの程度を下に示します。

電流	人体への影響
1mA（0.001A）	びりっと感じる程度
5mA（0.005A）	とても痛く感じる
10mA（0.01A）	耐えられない電流
20mA（0.02A）	自身では感電部から離れられない電流
50mA（0.05A）	短い時間の感電でも危険
100mA（0.1A）	生命の危険が高い

電力をたくさん消費し、「感電にも気を付けなければならない家電」として知られるドライヤーの消費電力は、1000W 程度の電力を消費しますが、日本であれば、コンセントの電源が 100V なので、ドライヤーを使うときには、10A の電流が流れているということになります（W：電力 =V：電圧 × A：電流です）。

ドライヤーですら、10A しか電気が流れません。上の例の高速充電では 940A（94 倍）ですから、ドライヤーを 94 人が一気に使う程度の電流を一点に集中して充電を行うということになります。それほどの電気を一気に流すのですから、電気を電池に安全に供給するという技術も高度なものが必要だということがわかります。

高速充電を一般家庭にあるもので考える

冬に、ご飯を炊きつつ、ホットカーペットとエアコンと電子レンジを付けたらブレーカーが落ちたということを経験した人もいるかもしれません。

一般家庭では、30A や 40A のブレーカーをつけている家庭が多いと思いますが、そうすると一般家庭にあるような電源では 940A の電流はブレーカーが落ちてしまって流すことはできません。単純計算すると 一般家庭 30 軒くらいが協力をして、一気に充電すると高速充電が可能となります。

また、消費電力（電気代）から考えると（住んでいる地域、季節、家族構成などがバラバラなので、一般的な家庭の消費電力をどのくらいと決めるのは難しいですが）、日本の一般家庭では、1日10kWh〜20kWhくらいの電力を消費しているとして計算できます。

そうすると、ここの例に挙げた電気自動車は、94Ah(33kWh)でしたので、一般家庭の3日から1.5日分の電力を6分間で消費して充電するという計算になります。

このように考えると、高速充電の電流、消費電力はいかに大きいかということがわかると思います。

電池の出力特性

出力特性とは、「電池が決まった時間でどれほど多くの電気を流すことができるか」という性質を示すものです。したがって、出力特性が高い電池は、とにかく一気にたくさんの電気を流すことができるという性質を示します。

これは、例えば、電池で自動車を動かそうとすると、重要視される特性です。自動車では、いきなり坂を上ったり、追い越しをしなければいけない状況が出てきますが、このときに必要な出力（パワー）が得られなければ単に遅い車というだけではなく、危険な状況になる可能性すらあります。出力特性が高い電池なら、一気にパワーを出すことができるので、上り坂の高速道路でも一気に出力をして、スピードを出すことができ、スムーズな運転が可能になります。

身近な例で自動車を挙げましたが、大きな出力（パワー）を必要とする場面は産業用機器でも多くあるので、出力特性の高い材料（正極活物質、負極活物質等）の開発が進められています。

ところで、出力特性は、水の流れでイメージするとイメージしやすいかもしれません。一升瓶（1.8Lの容量）から水を全部出そうとする場合と、1.8Lの容量のあるバケツから水を全部出そうとする場合、どちらも同じ量の水が入っていますが、一升瓶よりもバケツから水を出す方が速いはずです。バケツは逆さまにした瞬間にザッと水が出てくるのに対して一升瓶の場合はドボドボと言いながら水が流れてきますが、すぐには流しきることはできません。この場合、容量はどちらも同じですが、バケツの方が出力特性が高い（一気にパワーを出し切ることができる）と考えることができます。

CHAP.4

産業の花形となった
リチウムイオン電池

「産業のコメ」と言われるまで
電池産業の地位を高めたリチウムイオン電池

　これまで、私たちの日常生活で使われているいろいろな電池を見てきました。そして、高密度（重量、体積に対して蓄えられるエネルギーが大きい）、高出力（ハイパワーで）かつ何度も充放電ができる「ニッケル水素電池」に至り、さらにニッケル水素電池よりもさらに高エネルギー密度、高出力、かつ充放電寿命の長い「リチウムイオン電池」についても少し触れてきました。

　この最後に触れた「リチウムイオン電池」こそ、現在もっとも熱く研究開発、そして生産競争が行われている分野です。よく経済ニュース、技術ニュースにあがってくる「全個体電池」もその領域です。

　とくに自動車メーカーがリチウムイオン電池の研究開発・活用に積極的です。

　ある日の google 検索では、「リチウムイオン電池、ニュース」と検索した結果、24 時間以内の上位 10 件中、5 件が自動車メーカーに関する記事でした。

　また、ある大手電気機器のメーカーの幹部は「電池は産業のコメ。我が社の事業群の中核を担えるよう育てていきたい」と公言しています。高度成長期には「鉄鋼が産業のコメ」と言われ、80 年代以降、現在までは「半導体が産業のコメ」と言われたのと同様に、まさにこれからは「電池が産業のコメ」と言われる時代になってきたようです。

　さて、それではリチウムイオン電池はどのようなしくみで、どのようなメリットがあり、まだ何が課題なのかを少し掘り下げてみましょう。

　これまでの電池の開発にも日本人が多く関わってきていますが、リチウムイオン電池の基礎研究にも多くの日本人が関わっています。まずは日本人が活躍してきた経緯とともに、リチウムイオン電池の開発の話からご紹介しましょう。

リチウムイオン電池の研究開発の歴史

リチウム金属電池

　リチウムイオン電池が誕生する少し前に、「リチウム金属電池」と呼ばれる電池が少しの期間だけ使われていました。リチウムイオン電池の技術史としてはよく語られる電池ですから、以下に紹介します。

　リチウム「イオン」電池ではなく、リチウム「金属」電池と記載していますが、これは負極にリチウムの金属（固体金属）を使っているので本書ではこう記載しています。

　「リチウムを使った二次電池」は、**1977 年**にアメリカのエクソンの研究所で、リチウム金属を負極とし、TiS_2（フッ化黒鉛という説もある）を正極とするリチウム金属二次電池が開発され、その後、1987 年に MOLI エナジーというカナダの会社から、リチウム金属を負極とし MoS_2 を正極とするリチウム金属二次電池が商品化され、携帯電話の電源に採用されました。しかし、この電池はその後、安全上の問題、つまり発火事故を引き起こしました。

　この後、MOLI エナジーは日本の NEC 等により買収されました。NEC はリチウムイオン電池を作っていましたが、この技術は、日産リーフのリチウムイオン電池の製造に応用されています。

　※ 二硫化モリブデン・リチウム電池として
　https://www.jstage.jst.go.jp/article/materia1994/36/1/36_1_25/_pdf

リチウムイオン電池

　「リチウムを使った二次電池」であるリチウム金属電池は、商品化はされましたが、致命的な欠点となる電池の発火の問題があり、広く実用化されることはなく、世の中から消えていってしまいました。

　そこから「リチウムイオン電池」として現在私たちが使用している電池が生まれるまでには、何度か大きなブレークスルー、発明があり、そのために

多くの研究者がかかわってきました。

　電池を製造するには、正極、負極、電解液、セパレータの要素が必要で、それぞれが発展して、それぞれにブレークスルーがありましたが、その中でもリチウムイオン電池の実現のために必要であった大きいものを紹介します。

①正極について

　正極材料については、リチウム金属電池で採用された TiS_2 等、種々の材料が検討されましたが、現在の形のリチウムイオン電池誕生のきっかけとなった大きな研究に、正極の材料である正極活物質（正極において電池反応を起こす物質）の発明があります。

　研究の成果は、日本人を含む研究者たちにより「電池のための高いエネルギー密度を有する新しい正極材料」という題で 1980 年にされました。

　注）Mizushima, K., Jones, P. C., Wiseman, P. J., & Goodenough, J. B. (1980). Li_xCoO_2 (0<x<-1): A new cathode material for batteries of high energy density. Materials Research Bulletin, 15(6), 783-789

　この発明のポイントは、コバルトの層状複合酸化物：Li_xCoO_2 (0 < x < 1) を正極に用いることを示したところにあります。そして、この研究成果については、世界各国において多くの特許出願がされて、特許の取得がされています。

　日本では、例えば、水島公一氏（現在、東芝リサーチ・コンサルティング）らによる LCO（コバルト酸リチウム）、LNO（ニッケル酸リチウム）に関する出願（特願昭 55-44030）などがあります。

　水島氏は、この研究の成果等が評価されて、最近では毎年日本人のノーベル賞の受賞候補者として名前が挙げられています。

②負極について

　負極活物質についても多くの材料が研究されました。負極活物質としてリチウム金属を用いると安全上問題があるので、ポリアセチレン等の導電性高分子化合物 が検討されたこともありました。しかし、これら高分子化合物

は活物質としての機能は有しているものの、リチウムを吸蔵した際（つまり充電状態）の安定が悪く、電解液と反応してリチウムイオンを放出してしまいました。

　充電した状態でリチウムを放出するということは、自己放電をしているということで、当然電池として好ましい性質ではありません。また、この分解反応によりサイクル寿命が短くなるという問題もありました。この他にも、フェノール樹脂やセルロースなどの高分子を炭素化したものや、活性炭等の材料も試されたのですが、やはり、自己放電やサイクル寿命が短いという問題を有していました。

　最終的には炭素材料が用いられることが提案され、初期のリチウム電池には非晶質炭素材料が用いられました。現在のリチウムイオン電池でも負極活物質に炭素材料が用いられていますが、主要成分として用いられているのは結晶質の黒鉛となっています。

　負極活物質に炭素材料が用いた代表的な研究として、1981 年には三洋電機の池田宏之助氏らによるリチウムイオンと層状化合物を形成する黒鉛をそのままリチウム電池の負極として利用することを提案する研究が挙げられます。この他にも東レや三菱ガスからもアモルファス炭素の研究等がなされ、特許出願されています。

　　注）吉野彰氏の著書に詳しいが、ノーベル賞を取った白川英樹博士の導電性ポリマーについても言及されている。

③正極・負極の材料の組み合わせについて

　正極材料、負極材料の研究はこれまで説明してきたように進みました。しかし、それぞれの材料は独立して発展していったので、製品化するためには、それらを好ましい組み合わせで用いる必要があります。そして、数ある材料の中から、正極活物質に LCO(コバルト酸リチウム) を用い、負極活物質に炭素材料を用いた最初の例として知られているのが、旭化成の吉野彰氏らにより発表されたリチウムイオン電池です。

　これは、正極に層状構造の酸化物、負極に炭素材料を用いる非水溶媒系二次電池であり、現在のリチウムイオン電池の原型となりました。なお、この

ときに使用された電解質やセパレータは、リチウム電池（充電できないタイプのボタン電池）の製造の際に、日本でよく用いられていたものでした。

　その後、1991 年にソニーから、正極に $LiCoO_2$、負極にコークスを用いた「リチウムイオン電池」が世界で初めて市販されました（1990 年 2 月 14 日にリチウムイオン電池の開発に成功した旨発表し、翌年 1991 年に携帯電話用電源として世界初の実用化を果たした）。

　リチウムイオン電池は、エネルギー密度が高く、容易に高電圧を得られるため、今では、携帯電話やスマートフォン、ノートパソコンの内蔵電池として多用されています。そして、今後は、自動車等のより大きなものを動かすようになると言われています。

　リチウムイオン電池では、最初に採用されたアルミニウム箔正極集電体、ポリオレフィン微多孔膜セパレータ等は、現在でもすべてのリチウムイオン電池に共通して使われている基本技術となっています。しかし、負極に関しては、当初は不可逆容量が大きい易黒鉛化炭素（非晶質の炭素）を用いていましたが、電解液の電荷材にビニレンカーボネートのような被膜形成剤を使用することによって不可逆容量の少ない黒鉛質材料が使用可能になると、より安定した黒鉛質材料が好まれ、易黒鉛化炭素は使用されなくなっていきました。

　リチウムイオン開発史を見てみると、正極は日本人の関わるチームが発見したものですし、負極は日本で提案されたもので、電解質やセパレータは日本でたくさん作られていたリチウム電池のものを用いることができました。リチウムイオン電池の開発から実用化にこぎつけるまでに、日本人が数々の技術的ブレークスルーをしたのだとわかります。

　こういったことから考えてみると、リチウムイオン電池を最初に組み立てるのに有利な素地が日本にはあったと言えるかもしれません。

　　※後に次のようなニュースが流れました。
　　　【2019 年 10 月 10 日 AFP】スウェーデン王立科学アカデミーは 9 日、2019 年のノーベル化学賞を、リチウムイオン電池を開発した吉野彰氏、米国のジョン・グッドイナフ氏、英国のウィッティンガム氏に授与すると発表した。

リチウムイオン電池の何が凄いのか？

このようにして開発されてきたリチウムイオン電池ですが、改めてそれまでの二次電池、例えばニッケル水素電池と違って、何にそれほどのメリットがあるのかを先に説明しましょう。

軽い

リチウムイオン電池はとても軽い電池です。リチウムイオン電池ではない他の電池でも小さくすれば軽くなるかもしれませんが、それだと実用的な電池はできないでしょう。それほど、リチウムイオン電池は小型、軽量化しても、十分使用できる容量やパワーを発揮できるのです。

この特徴がうまく利用されているのが、スマートフォンやタブレットPC、またはドローン等の機器で、リチウムイオン電池は、比較的大きな電気を出しつつも、その重量はとても軽く抑えられているということを実感している人も多いと思います。

テレビのリモコンに使っているような電池で同じくらいのパワーを出そうと思ったら、何個も電池をつなげなければならなくなり、結果としてそれを用いた機器はとても重くなるはずです。そうすると、スマホは重くて持ち運びしづらくなりますし、　ドローンなどは飛べなくなるか、飛べたとしても飛行可能時間がとても少なくなってしまうでしょう。

小さい

これは、上に示した電池が軽いという特徴と同じような特徴ですが、リチウムイオン電池は、小さくできることも特徴として挙げられます。

ところで、リチウムイオン電池に限らず、電池の重さや大きさについて、

エネルギー密度（エネルギー効率）といった表現で示される指標があります。エネルギーの密度が大きいということは、同じ重さ、または大きさでより大きなエネルギーが出せるということです。重さ当たりでは Wh/kg 等の単位が用いられ、大きさ当たりでは Wh/L 等の単位が用いられます。

　次に、二次電池の有しているエネルギー密度を表した図を示します。この図では、右に行けば行くほど軽い電池を作ることができ、上に行けば行くほど小さい電池を作ることができるということが示されています。

　リチウムイオン電池が、他の二次電池に比べていかに軽く小さい製品となるかが理解できると思います。

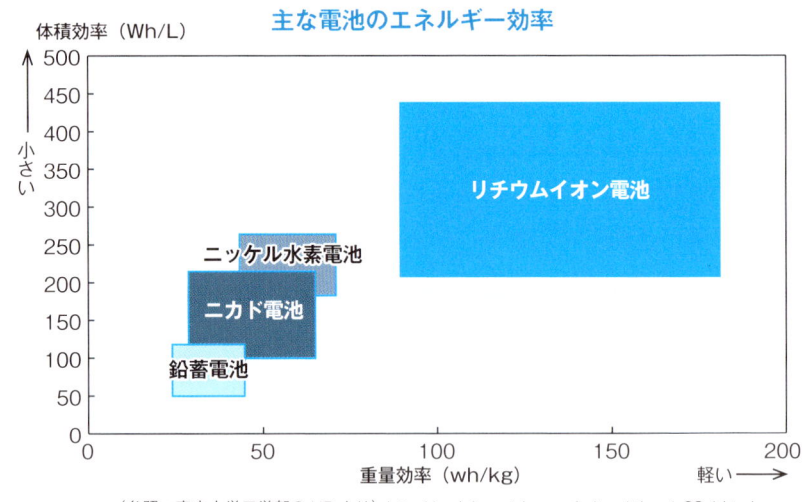

自己放電が少ない

　リチウムイオン電池は、充電をしてそのまま電気的な負荷をかけずに保存した場合、充電した状態を比較的そのままの状態で保つことが可能です。

　たとえば、従来の二次電池であるニカド電池やニッケル水素電池の自己放電率は1カ月当たり 20 ～ 25％であるのに対し、リチウムイオン電池の自己放電は1カ月当たり 10％以下とされています。

大容量

　リチウムイオン電池は、とても容量が大きい電池です。容量が大きいということは、1回充電してから電池がなくなるまで、より多くの電気を取り出せるということになります。容量が大きくなると、1日に1回は充電が必要だったスマートフォンが、1週間に1回充電するだけでよくなったりするということになります。

長い寿命（サイクル寿命）

　リチウムイオン電池は、充放電を繰り返しても性能が低下しづらい性質を持っています。充放電のサイクルを続けても電池性能が低下しないことから、これを「サイクル寿命が長い」「サイクル特性が良い」と表現することもあります。

　ニカド電池や、ニッケル水素電池などは、充放電を繰り返していると、充電してもすぐに電池が切れてしまうようになってしまうというのを経験した人は多いと思います。例えば、ずいぶん前の携帯電話やノートPCの電池は、何年も使っていると、ほとんど充電できなくなってしまったということを体験している人も多いと思います。

　リチウムイオン電池も充放電サイクルをしているうちに容量低下を起こすことは避けられませんが、それでも、ニカド電池等に比べると、充放電サイクルの回数は大幅に増えており、何度も繰り返して充放電する使用が可能になっています。

高電圧

　リチウムイオン電池は言うまでもなくリチウムを用いていますが、例えばリチウム金属を負極にした場合、その電位は−3.04Vと、金属の中で最も「卑」な金属です。最も「卑」であると言っても、何のことだかぱっとイメージしづらいかもしれませんが、簡単に言うと、とてもイオンになりやすいという性質です。そして、その力がとても強いため、高い電圧（高い電位、ボ

ルト数）が出るのです。

　そうすると、例えば従来あったニカド電池を3本、4本と直列につないでようやく出せる電圧を、リチウムイオン電池では1本だけで出すことができるようになるのです。

低温での作動が可能

　リチウムイオン電池は、電解液に有機溶媒を用いています。このため、リチウムイオン電池を0度以下にしても電解液が凍結することなく作動します（低温で作動させた場合、電池の性能が低下することはあります）。

　マンガン電池等の電解液に水を使っている電池でも電解液が凍ってしまわないようにしてありますが、有機溶媒であればそのような特別な工夫をしなくとも、-20℃や-30℃付近でも凍結する心配はありません。

　また、低温であっても電極において電池反応は進行するため、リチウムイオン電池は低温環境には強い電池と言えます。この点は、すでに紹介したリチウム電池と同様の特徴です。

環境にやさしい金属の使用

　リチウムイオン電池は、リチウムだけでなく、コバルト、ニッケル等の金属を用いていますが、カドミウムや鉛のように環境に有害な重金属を使用していません。したがって、環境に対する負荷が少ないと言えます。

非水系電解液（有機電解液）の使用

　リチウムイオン電池は非水電解液を用いています。具体的には、有機溶媒に、複数種類の添加剤を添加することで電極の保護や電解液の分解、発熱の防止等を達成しています。

　リチウムイオン電池が非水電解液を用いる大きな理由として、リチウムイオン電池は一つの電池（単セル）で4V近い電圧を持っていることが挙げら

れます。

　これは、電池内部で正極と負極との電位差が約４Ｖ程度あることになります。このような状態では、仮に水を溶媒として使用したら、水が電気分解して酸素と水素になってしまい、電解液がどんどん揮発していく電池となってしまうため、水を電解液として使うことができないのです。

　非水電解液を用いることは、

　①高い電圧を得られる

　②低温でも作動する電池が得られる

　というメリットを有しています。反対に、

　①電池が発火しやすい

　②環境負荷が大きい

　というデメリットを有しています。

　リチウムイオン電池を用いたスマートフォンや PC が発火するという事件は毎年と言っていいほどよく耳にすると思いますが、これは非水電解液を用いていることが大きな理由です。非水電解液は、そもそも石油のような油から作られるものですから、とても燃えやすいのです。

⚡**COLUMN**

サイクル寿命

　「サイクル寿命」は充放電を、規定の電圧を保ちつつ、何度繰り返す（サイクルする）ことができるかということを表す用語です。

　携帯電話はスマートフォンの電池で、サイクル寿命が長い電池であれば、何年経っても電池が減りづらいということですし、サイクル寿命が短い電池であれば、充放電をそんなに繰り返していないのに、すぐに電池が減り始めてしまいます。

　サイクル寿命をできるだけ長くしようとするのは、二次電池の開発において非常に重要な課題です。

　サイクル寿命が短くなるのは、電池反応を進めていくうちに好ましくない反応が起き、電極の活物質の構造が変化したり電解質が変化することによります。したがって、何度反応しても同じ反応が起き、副反応が起きない材料を提供してサイクル寿命を長くするというのが非常に重要な課題となっています。

リチウムイオン電池の デメリット

コスト

リチウムイオン電池は、製造するのに非常にコストがかかります。特にコスト面に大きく影響するのが正極の材料に使うコバルトです。

そういうわけで、正極材料に用いるコバルトの量を削減しようとする研究は精力的に行われていますが、コバルトを用いることで、高電位かつサイクル寿命が長い電池が製造できるというのが現状であり、今後しばらくはコバルトを含んだ正極材料を用いた電池が生産され続けると考えられます。

また、電解質についても有機溶媒を用いて、そこにさらに種々の添加剤を用いていることからコストがかかることになり、発火事故を防ぐための材料であるセパレータもポリマーを複数層重ねたものやポリマーと無機材料を配したハイブリット材を利用しており、これまでにあった電池よりもそれぞれの電池材料でコストが高くなっています。

コバルト等の資源の枯渇

正極材料として用いられるコバルト、ニッケルは、コスト面で問題とはっていますが、それだけではなく、どれだけ埋蔵量があっく採掘できるか、また、採掘所の環境対策はしっかりとられているのか等の問題があります。

特に、コバルトは、単純に希少な金属というだけではなく、採掘できる国が限られているのです。

現在はアフリカの一部の国で採掘されたコバルトが広く使用されているようですが、そういった国では独裁的な体制で運営されており、採掘場で働く人の人権が守られているのか、そこに住む動物等も含めて貴重な森林資源等に配慮されて採掘場の開発が行われているか等の問題が指摘されています。

現在、世界各国で「20XX 年までに自国の自動車の○○%を電気自動車に

する」等の計画が立てられていますが、全世界にあるコバルトの量を考えると、それを各国が達成することはまず不可能です。つまり、計画を達成するには、どうにかして、コバルトを用いずに電池を製造する技術を開発する必要があります。

　現在では、最初に用いられていた材料に比べ、使用するコバルトの量を少なくする研究は進められ、実用化されています。しかし、それでも、コバルトを材料に使用した方が高い性能を発揮しますので、使用する量は減ったとしてもコバルトを使い続けているのが現状です。

発火の危険性

　リチウムイオン電池で挙げられるデメリットの一つに発火の危険性（安全性）があります。リチウムイオン電池はこのために、安全性に配慮して製造されていますが、それでも毎年のように電池の発火事故が起きています。

　また、電池が大きくなればそれだけ危険性も単純に大きくなりますので、今後より大きな電池を搭載する製品として電気自転車（ＥＶ）が注目されますが、用いるリチウムイオン電池には、さらなる安全性の向上が求められるでしょう。

　パソコンやドローンの場合には、せいぜい２個から４個の単セルを直列で接続したもので実用化されていますが、総電圧が 300V 程度になる EV 用として使用する場合には、リチウムイオン電池の単セルで４Ｖ程度の電圧が得られるとして、80 セルを超える電池を直列に接続する必要があます。とすると、より多くの電池が使用されることになりそれだけ安全性の向上が求められるのです。

リチウム金属電池、リチウムイオン電池が発火する機構

　電池の材料にリチウムを用いると様々な利点があるために、ずいぶん前から商品化は試みられたことがわかりますが、ご紹介したとおり、初期のものはリチウム金属を負極に使っていたため、電池の発火事故が非常に多く起き、

現在のように普及することはありませんでした。

　この電池が発火事故を起こす原因は、負極にリチウム金属を用いることにあります。負極にリチウム金属を用いると、放電時にはリチウム金属が溶解して、リチウム金属はリチウムイオンとなり、正極に吸蔵されます。ここまではすでに説明したリチウム電池（充電できないタイプのボタン電池）と同様の反応で発火を起こすような反応は起きませんが、問題は充電をするときです。充電では放電の逆反応が起きますので、リチウムイオンが負極の方に戻って行きリチウム金属に戻ります。

　このリチウム金属に戻るときに、最初に電池を作ったときのようにきれいな面を有したリチウム金属に戻れば問題がありませんが、通常はそうはならず、リチウムイオンが戻った面がデコボコの状態になってしまいます。これがちょっとした凸凹である程度ならば問題はありませんが、リチウム金属が溶解して、金属に戻って……と繰り返していくうちに凸凹がどんどん大きくなり、デンドライト※と呼ばれる危険な突起状の結晶ができてしまうのです。

　このデンドライトがなぜ危険かというと、巨大化して正極にまで到達してしまうからです。そうすると、電池内部でショートを起こすことになります。電池の正極と負極を直接つないでショートを起こし、パチッと火花を出したことがある人は多いと思いますが、これで発火までは通常はしません。しかし、リチウム金属電池の電解質として有機溶媒（大雑把に言えば石油の仲間であり、燃えやすい）を用いているので、少しでも火花が出ると電池が燃えてしまうのです。

　これでは簡単に発火してしまうことになるので、リチウム金属電池は広く普及することもなく現在に至っています（リチウム金属を負極として使用するリチウム金属電池は、様々な利点があって現在も研究自体は続けられているのですが、その後商品として展開されてはいません）。

　リチウムイオン電池は、負極に黒鉛を用いるのでデンドライトは発生しづらくなっています。

　　　※デンドライト→ 105 ページにて追加解説

リチウムイオン電池の
基本反応

　リチウムイオン電池は、比較的最近に実用化された新しい電池です。そして、これまでの電池に比べて利点が非常に多く、いろいろな機器に用いられています。今では広く用いられるようになったリチウムイオン電池ですが、電池内部でどのような反応が起きているのだろうかとか、電池の材料としてどのようなものが用いられているのだろうということを知っている人はあまりいないのではないでしょうか。

　それというのも、リチウムイオン電池は、現在進行形で進化をしている電池ですから、正極、負極、電解質、また電気を作るのに関わりのないセパレータや電池の形状のそれぞれについて、新しい材料や考え方が次々と出てきます。新しい材料が出れば、電池の反応式も起電力もそれまでとは違ったものになります。そういうわけで、「リチウムイオン電池の反応はこれだ」と単純化して示すことは難しく、そういったことも影響しているのかも知れません。

　例えば、ある高校の参考書には、6行の記載で、「リチウムイオン電池は、負極活物質に Li を含む黒鉛 LiC_6、正極活物質にコバルト（III）酸リチウム $LiCoO_2$、電解液に $LiClO_4$ などの塩を含む有機溶媒などを用いた二次電池です。電解液に水を含まないので、低温でも凍らず、寒さに強い。また、小型・軽量にもかかわらず起電力が約 4.0 V と大きいので、ノート型パソコン、携帯電話、電気自転車など広範囲に利用されています」と記載されているのみです。

　新しい材料が次々に出ては来るのですが、リチウムイオン電池で基本的に起こっていることは、**放電時には、リチウムイオンが電池の中を負極から正極に移動し、充電時には、リチウムイオンが電池の中を正極から負極に移動する**ということだけです。ですから、充電をすると、負極にリチウムイオンが吸蔵され、放電する際には負極からリチウムイオンが放出されて正極に吸

蔵されます。

　このように、リチウムイオン電池では、正極と負極の電極の働きは、必要なときにスムーズにリチウムイオンを受け取ったり手放したりするという働きになります。したがって、電極が、溶解・析出をする鉛蓄電池やニカド電池よりも充放電時の効率が良くなります。

　また、電極がリチウムイオンを吸蔵・放出するだけということは、リチウムイオン電池の中でのリチウムはずっとリチウムイオンのままです。「リチウムイオン電池」という名前は、このような電池の性質から名づけられました。

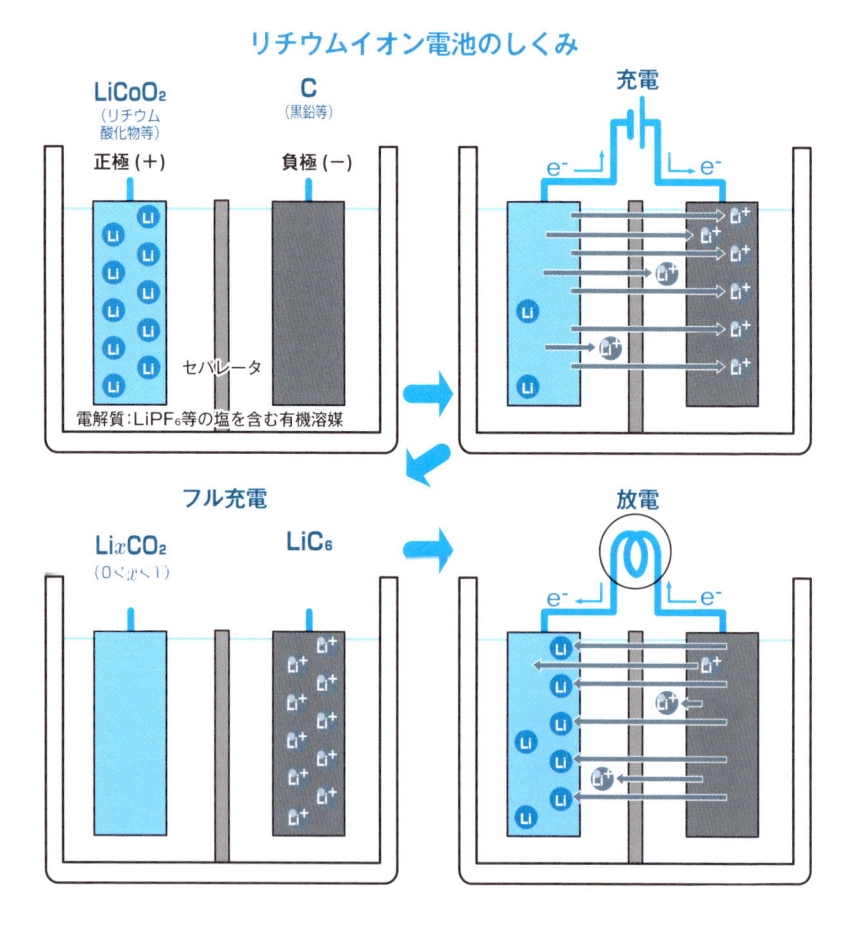

リチウムイオン電池が充放電するしくみ

　リチウムイオン電池は、リチウムイオンが正極と負極の間を行き来することで充電と放電を行います。これは、リチウムイオン電池の特徴を表しており、電池の充放電をする際には、正極、負極のそれぞれの電極上で、リチウムの溶解・析出をせず、リチウムイオンの吸蔵・放出をする反応が起こっているだけなので、**電極などの電池材料に負荷がかかりづらくなります。**

　次に、電極上の具体的な反応についてどのような反応が起こっているか、その充放電のしくみを再度説明しましょう。

　電池は最初に製造したときには、右のような状態になっています。つまり、正極にリチウムイオンが存在し、負極には基本的にリチウムイオンは存在しません（これは電気が蓄えられていない状態、つまり放電された状態）。

　そこで、外部から電気のエネルギーをかけて、充電を行います。

　充電をすると、電気のエネルギーにより、リチウムイオンが負極の方に吸蔵されていきます。リチウムイオンは Li^+ と表され、プラス

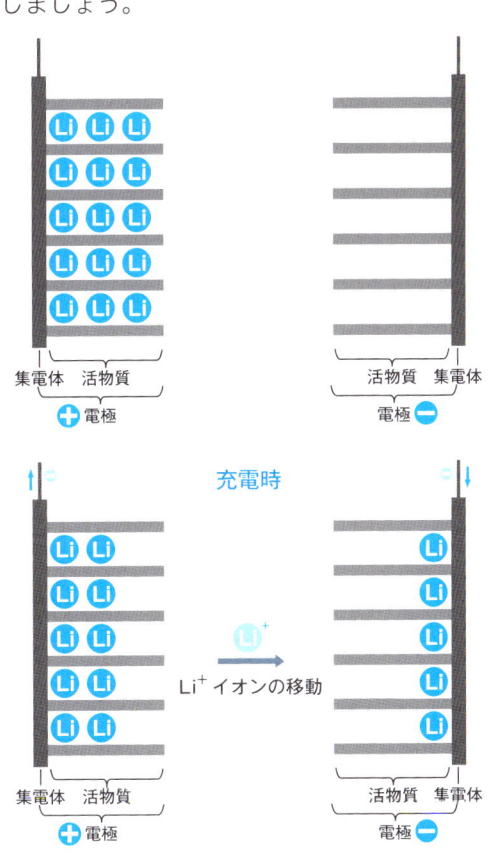

の電荷を持っていますが、マイナスの電荷を持つのは電子です。

したがって、電気の力を使って充電するというのは、マイナス電極に、リチウムイオンを引き寄せて吸蔵した分の電子が蓄えられているという状態になります。

そして、充電をしていってどんどんリチウムイオン

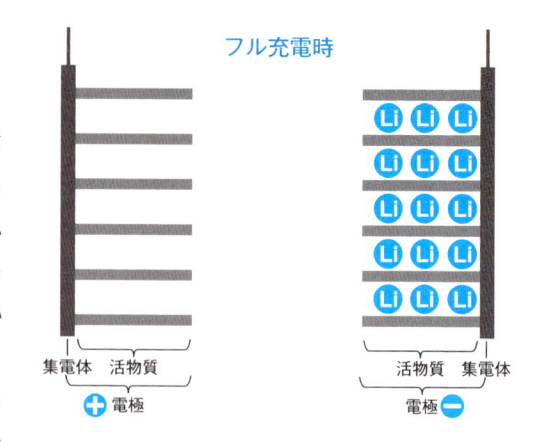

が負極に吸蔵されていく（その分の電子が蓄えられていく）と、フル充電の状態になります。

この（上の図）状態は充電が終わり、エネルギーの高い状態です。ここで、リチウムイオンは正極の方に戻った方が安定しますが、リチウムイオンだけが勝手に負極から離れて正極の方には行けず、電子がいなくならなければ正極の方には戻れません。

また、電子は電池の中を移動して正極側に移動することができません。**電子は電池の外の何らかの回路を通らないと正極側にいけないのです。**

充電した電池を移動させることができるのは、この状態を利用しているからです。

そして、電気を使いたくなったときに、外部回路を通して正極と負極をつなぐと（右図）、電子は負極側から正極側に流れていきますので、そのときにリチウム

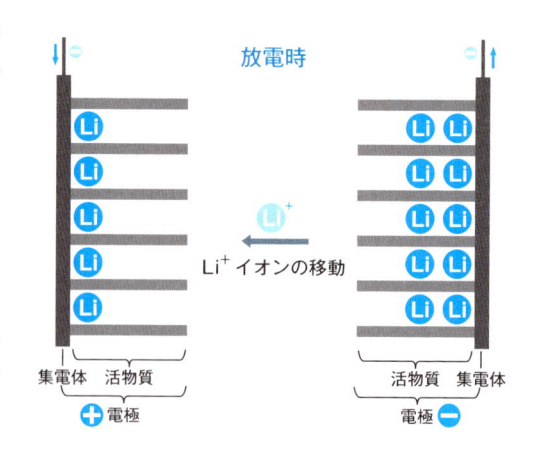

イオンは、より安定な状態である正極の方に戻っていきます。これが放電です。

　リチウムイオン電池は、このようなしくみで充放電をしています。

⚡COLUMN

デンドライト

　リチウムイオン電池の欠点である「発火」については100ページですでに述べましたが、その原因のひとつとしての「デンドライト」について、追記したいと思います。

　デンドライト（dendrite）は、樹枝状晶と訳されます。その名のとおり木の枝のように伸びた結晶のことを表します。電池の分野では二次電池において負極側に金属の結晶ができ、それが充放電を繰り返しているうちに、どんどん凸凹が大きくなっていき、木の枝のように成長していくことを示します。

　デンドライトで一番怖いのは、負極と正極が接触してしまうほどデンドライトが成長して、電池の中で負極から正極に直接電気が流れてしまうことです（内部短絡、内部ショート）。こうなると、電池から電気を取り出すことができません。ニカド電池等の水系電解液の電池でデンドライトが伸びて内部短絡を起こすと、いきなり電池が使えなくなったりします。これが、リチウムイオン電池（非水系電解液の電池）の場合、内部短絡を起こしたときに少しでも火花が散ったりすると、非水系の燃えやすい電解液が燃え始めて大事故になってしまいます。

　また、デンドライトが好ましくないのは、内部短絡以外にも、デンドライトの枝が途中でポキッと折れることがあることです。そうすると、リチウムイオン電池であれば、枝状の金属のリチウムが非水電解液の中を漂うことになります。このようなリチウムをデッドリチウムといいます。デンドライトがデッドリチウムとなってしまうと、本来リチウムイオンになって負極と正極の間を行き来するべきものが、そうできなくなってしまうので、電池の中のリチウムが減ることになり、電池容量が低下してしまいます。さらに、このデッドリチウムが負極と正極とを接合させる電線のような役割を果たして内部短絡を引き起こす可能性もあります。

リチウムイオン電池の形状

　リチウムイオン電池を他の電池と同じようにお店で売っているというのを見たことがある人は少ないと思います。基本的には、リチウムイオン電池は、電池だけでは普通の電池のように家電量販店等で売っていることはありません。

　リチウムイオン電池は他の電池に比べて高い電圧を有しているので、例えば、マンガン電池と同じような単一、単二という形で売った場合、間違えてマンガン電池を使うべき場所にリチウムイオン電池を使用すると、大きな電圧がかかり、とても危険ですし、仮にリチウムイオン電池を用いるべき機器に使用したとしても、使用者がプラスとマイナスを間違えて電池をセットしてしまう等の危険性もあります。したがって、リチウムイオン電池は普通の電池と同じように販売されていません。

　そうすると、どのような形状をしているのかという疑問が出てくるでしょうが、リチウムイオン電池は実にいろいろな形状を有しています。代表的なものを以下に示します。

円筒型

　一般家庭でもよく見る単一、単二、単三電池のような形状の電池を円筒型の電池と言います。しかし、大きさはそれら電池とは違います。

　代表的な大きさのものは、18650型（イチハチロクゴーマル）です。

　これは、数字の最初の2桁が直径を表し、次の2桁が長さを表し、最後の0が円筒形の電池であることを示しています。したがって、この電池は、直径が18 mm、長さが65 mmで、丸型（円筒型）ということを示しています。大き

リチウムイオン電池：円筒型の名称

18650
直径　　長さ　　形
mm　　mm

さで言うと単 3 電池（直径約 14mm、長さ 50mm) をひとまわり大きくしたような形になります。

　これらは、ノート PC のバッテリー等に用いられています。取り外し可能なノート PC のバッテリーの電池パックを見たことがあるかと思いますが、あのバッテリーパックの中には、数個の 18650 電池がつながれていることが普通です。他にも 26650 というそれより少し太いタイプや、18500 という長さが短くなったタイプがあります。

　また、電気自動車を販売していることで有名なテスラの最新の工場で作られている電池は、21700 というタイプであり、これは、直径が 21 mm、長さが 70 mmで 18650 よりもさらに一回り大きな形をしています。

　また、マンガン電池やアルカリ電池とは電池の内部の構造が違っており、円筒形のリチウムイオン電池は、正極、セパレータ、負極を板状のものとして製造し、それらを順に重ねてからグルグル捲いて円筒型にしています。このため、この構造を捲回型と呼ぶこともあります。

リチウムイオン電池（円筒型）

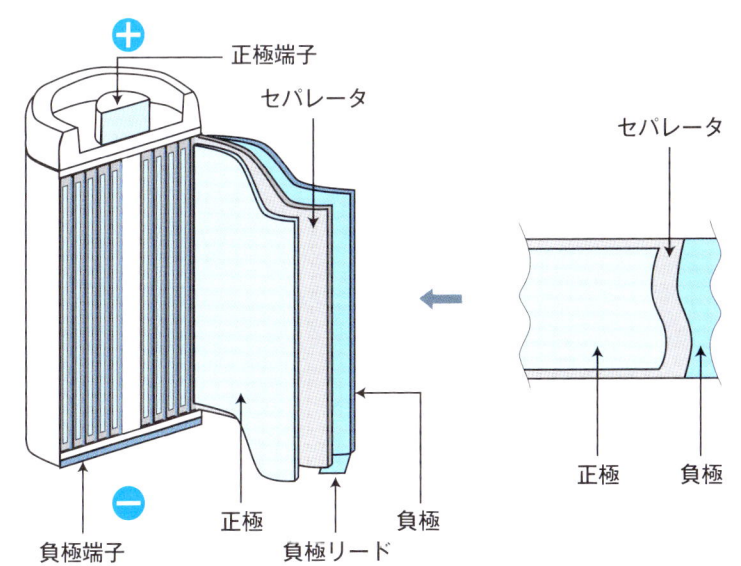

角型

　リチウムイオン電池には、角型のものもあります。折り畳み式の携帯電話のリチウムイオン電池は、直方体の硬いプラスチックに入ったものがよく用いられていましたし、デジタルカメラでも直方体型のものが用いられていたので、この形のリチウムイオン電池を見たという人も多いかと思います。

　角型のリチウムイオン電池も円筒型と同じように、正極、セパレータ、負極を板状のものとして製造し、それらを順に重ねてから捲回して、その後に電池の筐体（容器）に入れています。

リチウムイオン電池（角型）

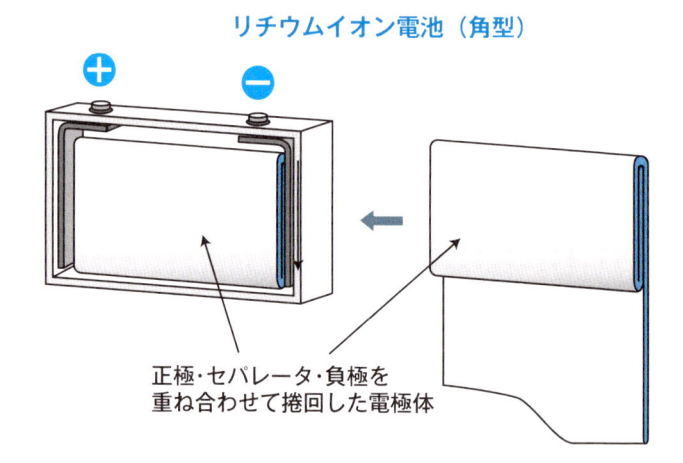

正極・セパレータ・負極を
重ね合わせて捲回した電極体

ラミネート型、パウチ型

　ラミネート型のものは、薄く軽い電池ができることが特徴です。電池の容器が柔らかい樹脂になっており、円筒型や角型のような固い容器に入れられてはいません。この型のものは、電極とセパレータを捲回したものと積層したものがあります。

　捲回してラミネート型にしたものは、スマートフォンの電池に広く用いられている形のものです。また、積層してラミネート型にした有名なものとして、電気自動車の日産リーフに用いられているリチウムイオン電池がありま

す。

　電気自動車に用いる電池はスマートフォンとは比べ物にならないほど多くの電池をまとめて用いていますので、単純に数の規模だけで見ても発火の可能性が高くなりますし、電池をまとめて使っているので発熱等の危険性もあります。しかし、この電池の事故は起きておらず、とても安全であるということで注目されています。

　それならば、どの電池もこのような形にすればいいとも思えるでしょうが、捲回するものと違い、何層も電極、セパレータを重ねる必要がありますので、この構造を実現するのはそこまで簡単にはいかないようです。

　現在は日本の日産だけではなく、韓国の LG もこのタイプの電池を生産できるようになっています。

リチウムイオン電池（ラミネート型）

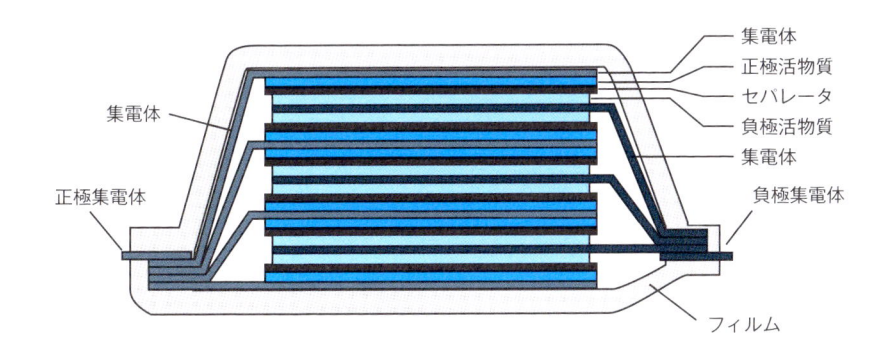

集電体
正極活物質
セパレータ
負極活物質
集電体
集電体
正極集電体
負極集電体
フィルム

様々な正極材（活物質）について

　リチウムイオン電池では、正極は充電時にリチウムイオンを負極に供給し、放電時にリチウムイオンを吸蔵できる構造を持っています。充電をするときに正極側からリチウムイオンはなくなりますが、その際に正極材料の結晶構造は変わりません。ですから、正極はロッカーのようにリチウムを入れたり出したりする箱や棚のようなものであり、その箱や棚に最初にリチウムが入っているような状態と考えれば理解しやすいかと思います。

　このような性質を発揮するために、正極には、リチウムイオンを脱離させても安定に構造が保持される材料が用いられています。

　また、現在実用化されているタイプのリチウムイオン電池では、電池を組み立てるときに電池内にリチウムイオンを供給する役割も担っています。電池を動かすためのリチウムイオンはどこかで電池内に添加する必要がありますが、正極がリチウムイオンを電池内に供給できるので、リチウムイオンを添加する特別な工程が省略できるというメリットにつながります。

正極材料（活物質）に求められる性質

　まずは、リチウムイオンを正極材料の構造中から離脱させても残った元素で構造を安定に保持できる材料が求められます。また、高い作動電圧の電池を得ようとすれば、正極の電位をより高くする必要があるので、そのためにより高電位の正極材料が求められています。

　作動電圧が高い電池であれば、今まで高い電圧を得るために2個必要であったリチウムイオン電池を1個に減らすことができるなどのメリットがあり、それにより電池を用いる機器や自動車をよりコンパクトにしたり、デザイン性の向上が得られるという効果が期待できます。

　また、現在のリチウムイオン電池の正極には遷移金属酸化物を用いていま

すが、遷移金属の種類によってはとても高価なものもあり、より安価な材料を用いることでリチウムイオン電池全体の価格を下げようとする研究も盛んです。

このように、正極活物質の研究の方向は、①高電位化、②低価格化、③安全性向上について盛んに行われています。

以下に、正極活物質として、どのようなものが開発され、使用されているかを紹介していきます。

正極材①　LCO（コバルト酸リチウム）

コバルト酸リチウムは、リチウムイオン電池を生み出すきっかけになった材料といっても過言ではない材料で、ジョン・グッドイナフ氏と水島公一氏により開発された材料です。この材料は層状岩塩構造を有していて、CoO_2の層間にリチウムイオン出し入れすることができる（インターカレーション）材料ですが、実は、LCO 以前にもリチウムイオンを層間に出し入れする材料は知られていて、有名なものには TiS_2 や MoS_2 などの材料が用いられていました 。

それでは、なぜLCO が大きな技術的ブレークスルーとなったかというと、TiS_2 や MoS_2 では正極の電位が低く、これらで電池を製造すると作動電圧が２Ｖ級の電池しか製造できなかったのに対して、LCO では４Ｖ級の電池が作れるようになったという点や、TiS_2 や MoS_2 などの材料は活物質にリチウムが含まれていないため、製造の際にどこかでリチウムイオンを配合する必要がある点が挙げられます。また、LCO は合成が比較的容易に可能でもあり、これは電池を大量生産する際の大きなメリットとなります。

正極材②　LNO（ニッケル酸リチウム）

$LiCoO_2$ は上述のように素晴らしい材料であったため、広く普及しました。しかし、コバルトは、とても高い金属です。そこで、コバルトをあまり使わなくても済むように他の金属元素を使って、CoO_2 と同じような性能を有し

ているものが研究されました。

　そこで、注目されたのが LNO です。LNO は LCO と同様に層状岩塩構造を有しています。また、LNO に含まれるニッケルは、地球上にコバルトより豊富に存在しており安価で、しかも LNO を用いて電池を製造した場合、LCO よりも容量が大きくなるということから、盛んに研究が進められました。しかし、LNO は現在に至るまで実用には至っていません。

　その大きな原因として、LCO と比較して LNO は、大気中で不安定で、熱にも不安定であり、また、充電状態（つまり、リチウムイオンが正極から抜けている状態）にしておくと結晶を安定に保持できない不安定な状態になるという点が挙げられます。

注）M. S. Whittingham et al., Materials Research Bulletin Volume 10, Issue 5, May 1975, Pages 363-371

M. S. Whittingham et al., Progress in Solid State Chemistry, Volume 12, Issue 1, 1978, Pages 41-99

正極材③　LMO（マンガン酸リチウム）

　LMO は LCO や LNO と同様に層状岩塩構造をとり、また、LCO や LNO より安く、より環境にいい材料として注目されました。しかし、$LiMnO_2$ は合成が難しい上に、使用していると容量低下が激しく、また、熱安定性が低く、より熱安定性のある $LiMn_2O_4$ に構造変化をしてしまうという欠点がありました。なお、後に紹介する $LiMn_2O_4$ は、層状岩塩構造ではなく、スピネル構造という構造で、結晶の構造は相違します。

　そのため、$LiMnO_2$ を実用化するために、ドーピングと言って、$LiMnO_2$ に別の元素を少し添加するという方法が考えられました。

　試された元素は Co で、コバルトを入れると容量が高くなることがわかりました。しかし、やはり、電池を使っていると $LiMn_2O_4$ への構造変化が観察され、コバルトを入れれば入れるほど良い材料になることがわかりましたが、それだと、結局コバルトを多く使っているので Mn を使う良さがあまり出てきません。また、Ni のドーピングについても試されました。しかし，

これもマンガンの割合が多いと容量の低下が起きることも観察されています。

正極材④　NCM（ニッケルコバルトマンガン複合酸化リチウム）

コバルト、ニッケル、マンガンのそれぞれの層状構造の研究から発展した比較的新しい材料系です。中でも $LiNi_{0.33}Co_{0.33}Mn_{0.33}O_2$（$LiNi_{1/3}Co_{1/3}Mn_{1/3}O_2$ とも書きます）は優れた充放電挙動を期待できることから、精力的に検討され実用化されています。

Co、Ni、Mn は、上に示したように、それぞれが層状岩塩構造をとり、リチウムイオンのインサーション反応を行うので、期待される材料ですが、それぞれに欠点がありました。そしてそれらの欠点を解消するために、材料の一部をそれぞれの材料で置換するという方法がとられました。その結果現れたのが、NCM という材料です。

なお、この材料において、Mn は Mn^{4+} の状態で存在し、Li イオンのインサーション反応に関与しないことがわかっており、材料中で格子を維持するための働きをしています。また、リチウムのインサーション反応において、反応するリチウムの 2/3 が Ni の Ni^{2+}〜Ni^{4+} の酸化還元反応であって、LNO のように M^{3+}/M^{4+} ではないということも知られています。

また、上にはニッケル、コバルト、マンガンの割合として、それぞれ 3 分の 1 のものを示しましたが、現在では、それらの割合は様々なものが検討されています。

正極材⑤　NCA（$LiNi_{0.8}Co_{0.15}Al_{0.05}O_2$）

$LiNiO_2$ は、$LiCo_2$ に代わる、低コスト、高容量材料として注目をされていましたが、サイクル寿命や充電時の熱的安定性が悪いという欠点がありました。

そこで、この欠点を改善するために、$LiNiO_2$ に他の元素を添加して Ni の一部を他の元素に置き換えて、欠点を補うことが試みられました。

このときに、Al（アルミニウム）元素を添加すると、加熱時の Ni（ニッケル）の移動が抑制されて耐熱性が向上します。また、Co（コバルト）を添加すると充電時 $LiNiO_2$ が相変化をすることを抑制しつつも、正極の容量の低下を補うことができます（Al は活物質として充放電に関与しないので、Al を添加するとその分容量が低下しますが、Co を加えるとそれを補うことができます）。

このような検討がされた結果、耐熱性が高く、高容量かつ、サイクル特性もよい活物質として NCA が開発されました。

なお、同一の充電電圧においては、層状岩塩構造を有する活物質でニッケル酸リチウムが一番容量が高いため、容量を維持する観点からはニッケルの含有量が多い方が有利です。しかし、構造の安定性を保つためには Al をある程度添加せざるを得ず、最適の割合を見つけることが重要ですが、今のところ、$LiNi_{0.8}Co_{0.15}Al_{0.05}O_2$ が最も広く用いられているようです。

正極材⑥　LMO スピネル系（$LiMn_2O_4$）

ここまで説明してきた正極活物質において、やはり、Co は価格が高いことや、環境規制の問題があり、また、Ni も Co までとはいかないまでも、いろいろな問題があることから、Mn を用いた正極材料の開発も進められています。

そして、$LiMn_2O_4$ は、$LiMn_2O_4$ と $LiMn_2O_4$ の領域では 4 V でも充放電反応が起こり、かつ合成が比較的容易であり、$LiCoO_2$ より安全性の点ですぐれていることから次世代材料として開発されました。そして現在では車載用電池として一部実用化されています。しかし、問題点として、高温で充放電サイクルを繰り返すことによる容量の劣化が挙げられています。

正極材⑦　LFP オリビン系（$LiFePO_4$）

リチウムイオン電池の正極材料で、層状岩塩構造とスピネル構造を有する材料のほかにもう一つ有名なものがオリビン構造を有するものですが、その

中でもよく用いられるのが $LiFePO_4$ です。

　この材料は、1997 年にジョン・グッドイナフ氏が発表した材料として知られています（彼は水島氏とともに LCO を発見したことでも有名です）。

　この材料は、LCO や NCM に比べて電位が低いという欠点がありますが、これは、同時に正極側が極度の酸化状態にならないことを意味します。すると、電解液が過度の酸化状態に耐える必要がなくなり、分解反応を起こしづらいですし、電池の安全性は高くなります。また、鉄とリンの格子が固く結合していることで、安定性に優れており、耐久性の要求される分野での応用が検討されています。

　また、コバルト、マンガン、ニッケルを使用している材料よりも安価であるという点が利点にはなります。しかし、$LiFePO_4$ は電子伝導率が低いので、実用的な電池を製造する際には、導電性材料の添加が必須となり、そのコストを抑えるための技術開発についても検討されています。

　このように、LFP はコスト面でも素晴らしく、鉄、リンを用いていることから環境面でも優れています。しかし、作動電圧が低いという欠点を克服することが難しく、また、電子導電率が低いことから、大電流放電特性が低いということもあり、瞬間的に大きなパワーを必要とする、電気自動車等に用いられる正極材料として中心的な材料とは今のところは言えないでしょう。

　しかし、今後、電圧や導電性についての技術的ブレークスルー、安全意識の高まりが起きた場合は、注目される材料であると言えそうです。

主に黒鉛が用いられる負極材について

リチウムイオンを吸蔵・放出する負極材料

負極材料は、充電をする際にリチウムイオンを吸蔵し、放電する際には、リチウムイオンを放出する役割をしています。したがって、負極材料には、リチウムイオンを吸蔵・放出できる材料で、その中でも、より多くのリチウムイオンを吸蔵・放出できる材料が選ばれています。

負極も正極と同様に種々の材料が検討されていますが、その中で、負極の反応をメインで行っているのは、「炭素材料」です。

「炭素材料」と一口に言っても、その種類はたくさんあります。例えば、バーベキューの燃料になる炭素とダイヤモンドになる炭素が同じだと教えられ、びっくりしたことがあると思いますが、炭素材料は、炭素同士の結合の仕方や結晶の度合いによって、それぞれが独自の性質を有するようになります。

リチウムイオン電池が最初に商品化された 1990 年代は、炭素材料としては、ソフトカーボンや非晶質炭素材料と呼ばれる炭素材料が用いられていました。しかし、その後、黒鉛（グラファイト）やハードカーボンといった炭素材料が開発されていき、実用化されています。

現在のリチウムイオン電池では炭素材料の中でも黒鉛が主要な負極の材料として用いられるようになってきました。黒鉛とハートカーボンを比べると、黒鉛の方が最後まで安定して高い電圧を保つことができ、ハードカーボンでは電圧が不安定になっていくため、周辺回路で昇圧する必要があります。

こういったことからも、現状では炭素材料には主に黒鉛が用いられています。

以下に、黒鉛について述べていきます。

黒鉛の利点

①リチウムイオンが黒鉛に入ると、リチウム金属と同程度の電位を示す

電池の電圧は下記の式で表されます。

電池の電圧＝（正極の電位）-（負極の電位）

そうすると、電池の電圧を上げるためには（高電圧の電池）、正極の電位を上げるのが一つの方法ですが、負極の電位を下げることでも電池の電圧を上げることができるのです。リチウムイオンが一番還元された状態（電位が０になっている状態）は、リチウム金属になっている状態ですが、黒鉛にリチウムが吸蔵された状態もリチウム金属と同じくらい電位が低いのです。

　ということは、黒鉛を使うと、上の式において、負極の電位が小さくなるので、最終的に電池電圧が高くなるという利点があります。

②単位体積当たりの容量が高い

　黒鉛の理論容量は 372 m Ah/g です。これは、金属 Li の 3860 mAh/g、非晶質炭素の理論容量 (LiC_2) の 1116mAh/g（実験的な非晶質炭素の容量は 680 m Ah/g）に比べると、とても小さな値です。黒鉛が理論容量で勝っている負極材料と言えば、この後に紹介する LTO（理論容量 175 m Ah/g）に対してくらいと言えるでしょう。

　しかし、金属リチウムはリチウムデンドライト発生の危険性があるため、実用の面では現実的ではありません。また、非晶質炭素系の負極材では 680mAh/g の容量を出すためには 48 時間の充電時間を要し（充電をするのに多くの時間が必要）、3 時間の充電ではわずか 280mAh/g の容量しか発現しません。

　そうすると、現実的に用いられる負極の材料としては、黒鉛の単位体積当たりの容量は大きいと言えます。

③体積膨張が少ない

　電池を組み立てるときには黒鉛の状態で組み立てますので、当たり前ですが、黒鉛の中にリチウムイオンは入っていません。しかし、充電をすること

で黒鉛にリチウムイオンが吸蔵され始めます。このときにリチウムイオンが入ってきた分、黒鉛は膨張していくのですが、膨張の度合いが他の材料に比べて少ないという特性があります。

　これは充放電をする電池において非常に大切な特性であり、仮に充電時に体積膨張が大きな材料で電池を作ったとすると、充電時には負極材料にリチウムイオンが入ってくることで電池が大きくなり、放電時には電池が小さくなるという電池ができあがることになります。

　電池が大きくなったり小さくなったりしては、薄くて小型のポータブル機器には使えないのは当然として、それ以外でも、電池を入れるケースにも負担がかかり、壊れやすくなってしまいます。そういうわけで、体積の膨張が少ない材料は好ましいのです。

④電位平坦性に優れる

　リチウムイオンを充放電する際に、電位の変化が少ないと、最後まで安定した電圧で電池を使い切ることができます。したがって、電池を製造した際に、最後までパワーが出せる性質を有することにつながります。

黒鉛の性質とリチウムイオンの吸蔵・放出

　黒鉛は六角形がきれいにつながった面が層状になっている結晶構造を有しています。この黒鉛の結晶にはいろいろな物質をドープ（結晶の物性を変化させるために少量の不純物を添加させる）できることが知られており、リチウムイオンもこの結晶にドープされます。

　実は、リチウムイオンが黒鉛にドープされると金色の物体となることから、リチウムイオン電池ができる前からリチウムイオンが黒鉛にドープされること自体は発見されており、面白い性質を示す物質として知られていました。

　黒鉛がリチウムをドープするときには、上図のように、六角形の構造でリチウムがドープした六角形のすぐ隣に入るのではなく、飛び飛びに入ることが知られています（飛び飛びでしかリチウムイオンが挿入されないのが黒鉛の容量が大きくならない理由の一つとなっています）。

グラファイトに吸蔵されたリチウムのイメージ

これを式に表すと、

$$6C + x\text{Li}^+ + e^- = \text{Li}_x\text{C}_6 \ (x \leqq 1)$$

となり、6個の炭素で最大で一つのリチウムを吸蔵できることを表す式になります。

リチウムイオンが黒鉛の六角形に入り込むことで充電が進んでいきますが、どれだけ充電をしようと思っても、リチウムイオンがすでに入った六角形の隣の六角形にはリチウムイオンを入れることができません。このため、よりたくさん充電ができる（容量が高い）電池を作りたければ、単純により多くの黒鉛を使う必要があります。

しかし、電池の大きさも決まっているので、黒鉛の体積の上限は決まっています。したがって、黒鉛を負極側にギュウギュウに詰め込んで電池を作ることになります。

そうすると、黒鉛が多くあるぶん、リチウムイオンをたくさん吸蔵することができるようになりますが、黒鉛と黒鉛の間に余裕がなく、リチウムイオンが渋滞を起こしているようなイメージになって、リチウムイオンの出入りがしづらくなります。

このようにしてできた電池は、短時間での充電ができず、大きな電流（大きなパワー）を短時間で流すことができません。したがって、黒鉛を用いた場合、電池により大きな電流を流す（リチウムイオンの吸蔵・放出をスムー

ズに起こす）のと、容量を大きくするのとはジレンマを起こしやすいという構造になっています。

リチウムイオン電池の負極材の推移に見るスペックアップ

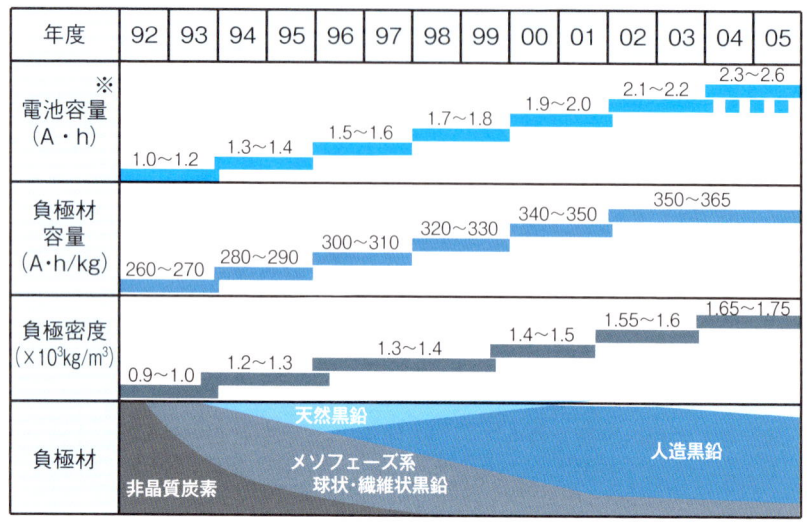

※18650型円筒電池換算(直径18mm×高さ65mm)　　（日立化成テクニカルレポート No.47/2006-7 より）

再評価されている黒鉛に替わる負極材──チタン酸リチウム

すでに説明したように、負極の活物質は黒鉛が主役ですが、負極の材料として注目されているのは黒鉛だけではありません。チタン酸リチウムも用いられています。

スピネル型の結晶を有するチタン酸リチウム $Li_4Ti_5O_{12}$（LTO）が可逆的にリチウムを吸蔵・放出できることは、1982 年から米国の研究者らにより一連の論文で報告されていました。しかし、この材料は、リチウム金属や黒鉛とは違い、充電したときの電位が 1.5 V 程度貴となります（つまり、1.5 V程高い）。そうすると、黒鉛を負極に用いて電池を製造したときよりも 1.5 V程度電池の電圧が低くなってしまいます（電池の電圧＝＜正極の電位＞－＜負極の電位＞で表すことができます）。

それでは、都合が悪いので、これを負極ではなく正極に用いようとしても、

満充電（フル充電）をしたときに 1.5 V 程度の電位では、負極に何を用いても、電圧の面からは約 4.2 V の電位を出せる $LiCoO_2$ 等の正極材料に太刀打ちできません。

そういうわけで、チタン酸リチウムはリチウムイオンを吸蔵・放出することができると発見されてから 20 年以上、電池電極としての実用化への動きは見られませんでした。

しかし、電極電位がリチウムの析出電位に対して 1.5 V 程度貴ということは、充電が進んでも負極側であまり過酷な還元状態にはならず、電極の周囲にある電解液を分解する反応は抑制されます。また、リチウムイオンが過酷な還元状態にならないということは、金属リチウムの析出が起きないということなので、リチウムデンドライトが発生する心配がありません（黒鉛の負極を用いた場合、充電時にはリチウム金属と同程度の還元状態になり、リチウム金属が析出する危険性が全くないわけではありません）。

したがって、チタン酸リチウムを負極に用いた電池では、安全な電池が製造しやすいと言えます。

さらに、チタン酸リチウムは、充放電反応に伴う結晶格子の膨張収縮がほとんどなく、「無ひずみ材料」と呼ばれているほど結晶格子がしっかりしており、これにより、サイクル特性が非常に優れたものになります。それらの特性から、大電流で急速充電ができるといったメリットがあります。

たくさん書きましたが、チタン酸リチウムの利点をまとめると、

①電解液の分解反応抑制

②リチウムデンドライト発生の抑制（安全な電池の提供が可能）

③サイクル特性の向上

④大電流での高速充電が可能

という多くのメリットがあります。

そこで、チタン酸リチウムは再評価がされて、東芝によって LTO を負極活物質とするリチウムイオン電池の量産が開始されました。さらに、急速充電が可能で安全、低温特性にも優れているという点から、本田技研や三菱自動車の電気自動車に搭載されました。この電池は「SCiB」という商標で製造しています。

チタン酸リチウムの欠点としては容量が 175 m Ah/g と炭素材料よりは低い点にあります（黒鉛は 372 m Ah ／ g）。したがって、同じ重さで比べたときには単純な理論量で計算すると、チタン酸リチウムの容量は、黒鉛の半分以下の容量ということになります。

　また、チタン酸リチウムは絶縁体であり、高速な充放電反応を可能にするには、電気をよく通す（電子伝導性を向上させる）ように工夫する必要があります。そのためには、電気を通す材料である炭素との複合化を行う必要があります。炭素コーティングしたチタン酸リチウムは、スムーズな充放電が可能になりますが、その分の製造コストは上昇するといった欠点があります。

6 分だけの充電で 320 キロ走行できる電気自動車が もう目の前に？

　リチウムイオン電池の正極活物質については実用化されているものが種々あります。その一方で、負極活物質は研究では多くの物質が試されているのですが、普通は炭素材料が用いられています。

　例外的な負極の活物質としては、SCiB™ という商標で、LTO の負極が実用化されています。すでに紹介したとおり、LTO はとても素晴らしい材料ですが、欠点として、容量が少ないという点があります。

　しかし、今年の 2 月に、LTO を実用化させた東芝から、Nb（ニオブ）を用いた負極活物質である、チタンニオブ酸化物（$TiNb_2O_7$）を 2020 年を目途に SCiB™ に適用するという発表がなされました。

　これを小型の電気自動車に用いると、6 分の充電で 320Km の航続距離が実現する可能性があるようです。

次世代電池の負極として期待されている 合金系負極

　負極材料として、容量が大きくなることから注目されているのが合金系の負極材料で、ケイ素、スズ等が挙げられます。これらは、充電時にリチウムを合金の形にして取り込むことができ、それによって活物質としての働きをしているものです。

　ケイ素やスズの容量がどの程度かというのがわかるように、主な負極材料の性能についてまとめたものを示します。これを見てもわかるとおり、ケイ素やスズはとても容量が大きいことがわかります。特にケイ素では、もっとも一般的に用いられている炭素材料よりも10倍以上も容量が大きいことがわかります。

　また、ケイ素やスズは、容量が大きいことに加えて、リチウムを0としたときの酸化還元電位も比較的低いので、これで電池を組み立てた場合は、電池の電圧を高くすることもでき、電池を作るのに都合の良い性質を有していることがわかります。

期待される合金系負極

材料	リチウム	炭素	LTO	ケイ素	スズ
充電時の構造 (リチウムを取り込んだときの構造)	Li（金属）	LiC_6	$Li_{12}Ti_5O_{12}$	$Li_{4.4}Si$	$Li_{4.4}Sn$
理論容量 (mAh g^{-1})	3,862	372	175	4,200	994
理論体積容量 (mAh cm^{-3})	2,047	837	613	9,786	7,246
体積変化 (%)	100	12	1	320	260
酸化還元電位 vs. Li (~v)	0	0.05	1.6	0.4	0.6

　しかし、ケイ素、スズについては弱点もあり、リチウムを取り込んだとき

の体積変化がとても大きいということです。現在実用化されている負極材料（活物質）では、充電時の体積変化が少ない炭素や LTO で、体積変化が大きいものは非常に不利なのです。

　体積変化が不利な理由は、活物質としてケイ素やスズは集電体に接着していなければいけないのに、体積変化が大きければ、集電体から剥がれ落ちていってしまうからです。また、単に剥がれ落ちていくだけではなくて、ケイ素がより小さな粒となってしまったり、集電体を変形させてしまうというのです。そうすると、結局は電池の中で、使えるケイ素やスズが少なくなってしまったり、ケイ素が小さい物となったときの新しい電解液との界面で反応が起きて電解液が分解したりするので、結局は容量が小さくなってしまい、実用的には使うことができません。

　そこで、集電体に接着するバインダを強く硬いものにしたり（アラミド系樹脂系樹脂）、活物質の周りをコーティングする技術などが試されています。これがうまくいけば、より小さな電池で今と同じような容量を持ったものができるはずです。

　しかし、今のところリチウムイオン電池で実用化されているのは、ケイ素ではなく、ケイ素酸化物 SiO_x（$0.5 \leqq x \leqq 1.5$）を炭素材料に少量混ぜて用いています。ケイ素は酸化されると二酸化ケイ素 SiO_2 となりますが、これと酸化されていないケイ素が混ざっているようなもので、二酸化ケイ素は充放電に関与せず、ケイ素の周りで体積変化を抑える働きをしています。

　ケイ素酸化物より、ケイ素ほどとは言えませんが、容量が大きくされているのです。

リチウムイオン電池に望ましい電解質とは

非水系の電解質

　電解質は電極と電極の間に配置され、一方の電極から他方の電極にリチウムイオンが通る道となる役割を果たしています。しかし、単に通り道となっているだけではなく、電解質は、電池の出入力特性、寿命、安全性、電圧に直接関わる物質です。したがって、電解質は、電極と並んで電池において非常に重要な構成材料であると言えます。

　リチウムイオン電池において現在使用されている電解質の多くは、「非水系電解質」または「非水電解液」と呼ばれる有機電解液で、炭酸エステルを中心とした有機溶媒に六フッ化リン酸リチウム（$LiPF_6$）などのリチウム支持電解質（支持塩）を溶解させたものに、様々な添加剤を加えたものが一般的です。すなわち、「**電解質＝有機溶媒＋支持塩＋添加剤**」と表せます。

　この中で、有機溶媒は、電解質をメインに構成している液体の材料です。しかし、有機溶媒それ自体はリチウムの通り道となる性質は持っていません。そこで、リチウム支持電解質（支持塩）を有機溶媒に溶かしてリチウムイオンの伝導性を与え、電解質として使用しています。

　基本的にはこれだけでも電解質として使用できますが、工業製品として実際に使用できる程度の性能がありません。したがって、添加剤を数種類用いることが一般的です。

　添加剤を加えることで、電解液が分解しづらくなったり、燃えづらくなったり、また、電池寿命を延ばしたりという効果を得ることができます。

　添加剤は、電池を使用する状況で必要とされる性質を付与するために用いられる電解液の調味料のようなものです。

　このように電解質は、様々な薬品が絶妙に調合されたものが用いられているのですが、基本的には次に示すような性質を有することが望ましいとされています。

高い導伝性

　有機電解液の導伝性は、リチウムイオンがどれだけ大量に高速で動けるのかを表しているので、電池性能に大きな影響を及ぼすことは容易に想像ができると思います。そして、リチウムイオンの高い導伝性を達成するためには高い誘電率、低い粘度を有していることが有利ではありますが、単一の溶媒でこれを達成することは難しく、数種類の有機溶媒を混合した混合溶液が用いられています。

　具体的には、エチレンカーボネート（EC）、プロピレンカーボネート（PC）等の環状炭酸エステルやジメチルカーボネート（DMC）、ジエチルカーボネート（DEC）、メチルエチルカーボネート（MEC）（注：IUPAC 名ではアルファベット順に「エチルメチルカーボネート」とするのが正しいですが、リチウムイオン電池に使うときには、MEC として「メック」と呼ぶ方が一般的です）等の鎖状炭酸エステルを混合した混合液が用いられます。

　これらの溶媒のうち、EC、PC は、誘電率が高いので、支持電解質の乖離がよく起き、溶媒中にリチウムイオンが安定に存在できる点で有利です。その一方で、EC、PC は粘度が高いので、リチウムイオンの移動が遅くなり、結果的にイオン導伝率が悪くなるという欠点があります。そこで、粘度の低い溶媒の DMC、DEC、MEC 等を加えて、電解液中のリチウムイオンの移動速度を高めるということがなされています。

電気化学的安定性

　リチウムイオン電池は 4 V 級の起電力を有しており、電解液は、正極側での高い電位（高度の酸化状態）に耐え、一方では負極の低い電位（高度な還元状態）に耐えられなければなりません。こういった性質を示すことについて、「電位窓が広い」と表現します。

　本来は、多くの電池で用いられている水系の溶媒を用いることができれば、イオン伝導率も高く（すでに実際に使用されている有機溶媒を紹介しましたが、やはり水系の物には及ばす、イオン伝導率は一桁～二桁程度水系のもの

が有利です）、環境にも優しいですが、水は理論上は 1.2 V ～ 1.3V 程度で分解してしまうので、それより遙かに高電位のものが提供されるリチウムイオン電池では、水系の溶媒は使えません。有機電解液は、電位に対する耐性が水よりも非常に高いので、リチウムイオン電池のような高電位の電池が提供できるようになりました。

温度変化に対する耐性

　リチウムイオン電池は、とても高温になる場所で使用することもあれば、氷点下で使用することも考えられています。したがって電解質は、温度に対する耐性も有している必要があります。

　有機溶媒を用いているので、まず考えられるのが有機溶媒の爆発・発火で、これらの危険性ができるだけ少ないことが望まれます。また一方で、低温になっても氷結せず、さらに、電解液に溶かしている支持塩や添加剤が析出しない性質が必要とされます。

⚡COLUMN

電位窓

　電池の分野では、電極、電解液、その電解液に溶かしておく支持電や添加剤が用いられますが、これらはある一定の電圧の範囲内でのみ使用することができます。そして電極や電解液が正常に電池として作動する範囲のことを電位窓と言います。

　例えば、水は通常 1.3V 程度で電気分解が進みますが、この場合、電位窓は 1.3V となり、それ以上電圧の高い電池を製造することはできません。なぜなら、水が電気分解して酸素と水素になっていってしまうからです。

　水ではない非水系の電解液の場合、電位窓がより広く、4 V 程度でも電気分解をしないものが知られています。

　なお、電位窓は、物質によって確実に決まっている数値でなく、用いる電極や添加剤により、変化することがあります。例えば、鉛蓄電池の場合、電極に鉛等を用いていますが、この場合電解液として水を用いているのに 2 V 程度まで電気分解が起こりません。

もっと電解質について
——電解質＝溶媒＋支持塩＋添加剤

　電解質はそれ自体発電をする機能を有していませんが、とても重要な機能を有しています。すでに説明したとおり、電解質は、いろいろな働きをする物質を混合して作り上げているので、一つの物質でできているわけではありません。電解質のイメージを文字の式で表すと、

**　　　電解質＝有機溶媒 + 支持塩 + 添加剤**

と表すことができます。この中で大部分を占めているのが溶媒です。

溶媒について

　溶媒で多いのは環状カーボネート、鎖状カーボネート、エーテルです。

　カーボネートは日本語では炭酸エステルと表されることもあります。環状カーボネートは構造としては、分子の中に（-O-CO-O-）の結合があり、環状の構造を有します。鎖状カーボネートは、（-O-CO-O-）の結合を有して環構造は有していません。エーテルは（-O-）の構造を有しています。エーテルのものは、リチウム電池（一次電池）で実用化された実績があり、初期の段階では積極的に研究が進められました。以下に代表的な溶媒の構造と性質を示します。

各種溶媒の性質

略称	日本語名	粘度 （40℃）	比誘電率 （25℃）	密度 （g/cm³）	沸点 （℃）	融点 （℃）
EC	エチレンカーボネート	2.15	89.8	1.321	244	38
PC	プロピレンカーボネート	1.99	66.1	1.204	241.7	-48.2
DMC	ジメチルカーボネート	0.468	3.1	1.069	90	3
DEC	ジエチルカーボネート	0.629	2.805	0.969	126	-43
EMC	エチルメチルカーボネート	0.548	3	1.007	107	-14.5
DME	ジメトキシエタン	0.455	7.2	0.862	84	-68

各種溶媒の構造

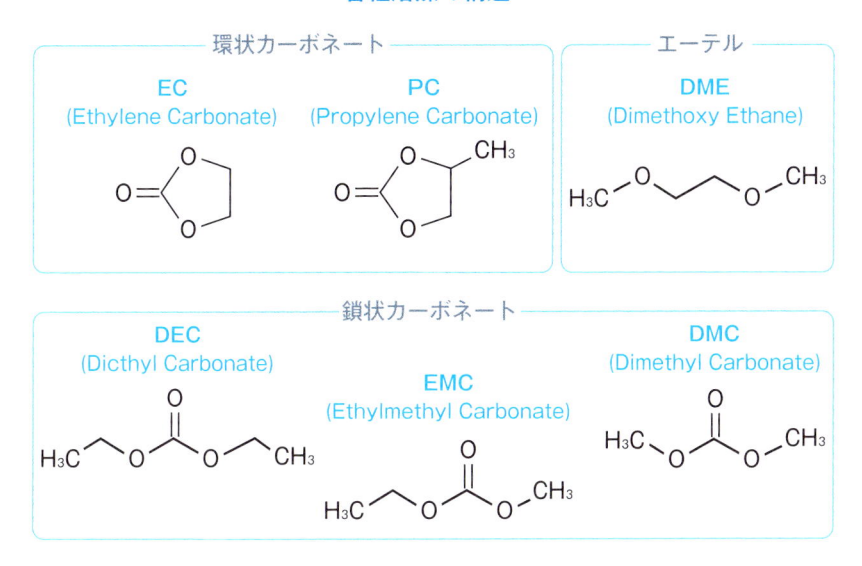

　現在一般的には、2種類の環状カーボネートと、3種類の鎖状カーボネートをそれぞれの電池で要求される性質に合わせて混ぜて作っています。

　また、表を見てわかるとおり、EC，PC は誘電率が大きいので、これらを使うと、リチウムイオンが安定して存在できます。一方で、それらの粘度は大きいこともわかります。イオン伝導度（イオンを輸送する性質）は解離したイオン数と移動速度を掛け合わせたものですので、粘度が大きいと、イオンが安定に存在したとしてもイオンの移動速度は遅くなります。また、すでに説明しましたが、リチウムイオンが電池の中で負極から正極にスムーズに動いてくれないとスムーズに放電はされません。

　ですので、粘度の小さい DEC、EMC、DMC などの鎖状のカーボネートを混合します。そして、イオンの輸送特性を上げているのです。鎖状カーボネートは、誘電率は低いですが、粘度が低いことが表からも見てとれると思います。

支持塩（支持電解質）について

リチウムイオン電池において、支持塩は電解液に添加され、イオンの輸送効率を上げる役割をしています。リチウムイオン電池ではリチウムイオンが負極と正極の間を移動しますが、リチウムイオン電池の電解質に添加された支持塩もリチウムイオンを有するものの、これが移動して充放電をするわけではなく、あくまで負極と正極缶のイオンの移動を助けるために支持塩は添加されます。

現在、リチウムイオン電池で主に用いられているリチウム塩は $LiPF_6$（ヘキサフルオロリン酸リチウム）であり、必要な性質や目的に応じて他のリチウム塩も添加されてそれぞれの用途に最適化されています。

支持塩に求められることは、イオン伝導度が高いこと、電気化学的に安定なこと（電池を充放電しているうちに分解しないこと）、コスト的に安いこと等が求められます。

通常、リチウム電池では支持塩は高濃度で溶解されており、具体的数値としては 1 mol/L から 1.4mol/L の濃度で用いられます。

添加剤について

添加剤は、基本的には添加しなくてもリチウムイオン電池が動くので、やはり紹介するのも電解質の中では最後になりましたが、最後だからといって重要ではないという訳ではありません。むしろ電解質の中で最も重要で、精力的に研究が進められている分野と言ってもいいかもしれません。

添加剤の役割は、正極の活物質を保護するもの、負極の活物質の保護をするもの、集電体の保護をするもの、充電のし過ぎ（過充電）を防止するもの、電解液に難燃性を付与するもの等、この他にもたくさんの性質を付与することです。これにより、リチウムイオン電池が使われる目的に応じて必要な性能が与えられます。ここまで見ると、まるで電池に特別な機能を与える薬のようなものと言えるでしょう。

添加剤として用いられる化合物は何種類もあり、現在でも新しい添加剤が

精力的に開発されていますので、代表的なものだけを下記に示します。

　これらの他にも紹介したい添加剤はたくさんありますが、新しい添加剤はどんどん開発されています。一方で、次の表に示したものは、ある程度実績もあるものを紹介しました。

添加剤

化合物名	日本語名	機能	構造
Vinylene Carbonate	ビニレンカーボネート	負極保護	
1,3-Propane sultone	1,3- プロパンスルトン	正極保護	
2-Propynyl methansulfonate	2- プロピニルメタンスルホネート	負極保護	
Cyclohexyl benzene	シクロヘキシルベンゼン	過充電防止	
tert-Amylbenzene	t- アミルベンゼン	過充電防止	
Adiponitrile	アジポニトリル	金属溶出抑制	
Ethoxy (Pentafluoro) Cyclotriphosphazene	エトキシ（ペンタフルオロ）シクロトリホスファゼン	難燃剤	
Triphenyl phosphine	トリフェニルホスフィン	難燃剤	

その他の材料のなかでも重要なセパレータ

これまでに、正極、負極、電解質についてリチウムイオン電池で用いられている材料を詳しく紹介しました。基本的に電池はこれまでに紹介した材料だけで電池として動かすことができます。

しかし、実際に工業製品として普及させるには、より安全にしなければならないですし、電池構造を保持して、充放電サイクルが少なくとも数百回は可能なものを提供する必要があります。

そのためには、最低限電池を動かすための材料である正極、負極、電解質に加えて、セパレータがとても重要です。その他にも、バインダー、導電材が必要です（さらに言えば、電池の外枠である筐体、その筐体に付属する安全装置等種々の構成が必要になります）。

セパレータ──短絡を防ぎ、リチウムイオンを透過する

セパレータは、正極と負極の間に配置されます。そして、それぞれの電極が相手の電極に直接触れないように両者を物理的に分離する働きをしています。このような理由からセパレータ（separator：分離をするもの）と呼ばれ、このほかにも、隔壁、分離板、分離膜等と呼ばれることもあります。

ところで、学校で電気の実験で火花が飛ぶ程度のショートサーキット（ショート、短絡）をさせる実験を見せて、「このように危険なので、正極と負極を直接つないではいけません」と言われた記憶がある方も多いでしょう。

電池のショートは、正極と負極を直接触れさせれば、電池の内部でも発生します。さらに、リチウムイオン電池では、内部には非水電解液（有機溶媒）を用いており、これは、電池の中に石油が入っているようなものです。そうすると、少しの火花が電池内で発生したとしても非常に危険です。セパレータはこれを防ぐために設置されているのです。

　そして、リチウムイオン電池では、製造時に正極と負極が接触していなくても、充放電を繰り返していると、負極からリチウムデンドライト等が発生することがあります。これは、電極からリチウムが金属となって成長し、デンドライト状に伸長していく現象です。この微細なリチウムデンドライトでも、正極に到達するとショートが起きてしまうので、デンドライトのような細い金属も通さない壁となっているのがセパレータです。

　ここまではセパレータの重要な働きである正極、負極の2つの電極を分離する役割について紹介しました。しかしセパレータには、この他にもとても大切な機能があります。

　リチウムイオン電池では、リチウムイオンを正極と負極の間でやり取りしているという話をしました。充電するときはリチウムイオンが負極側に集まり、放電するときはリチウムイオンがプラス側に集まります。

　では、壁がリチウムイオン通さないとどうなるかというと、当然リチウム電池は動かず電池が電気を流すことはありません。

　ですから、セパレータは、デンドライト等による短絡を防ぐ一方で、リチウムイオンが通過できるようにしなければいけません。そのために、セパレータには、イオンを通過させることができる程度の孔が開けられていることが一般的です。

　以上をまとめると、**セパレータは電池が内部短絡をしないように安全性を確保するというのがとても大きな役割となっています。また、セパレータは、リチウムイオンの通り道としての働きも有しています。**そういったところから、セパレータに求められる性質を以下に挙げます。

セパレータに求められる性質

化学的、電気化学的な安定性

　セパレータは電極の間、すなわち電解液が存在する場所に配置されます。そして、電解液は、何種類かの添加剤が含まれている非水電解質（有機溶媒）の組成物です。セパレータはそれら組成物に対して不安定であれば、溶けてなくなってしまったり、電解液と反応して副生成物を生じさせることとなり、

セパレータの役割を果たせません。

これと同時に電気化学的にも安定である必要があり、高電圧がかかった状態でも分解しない程度の安定性が求められます。

ぬれ性

セパレータは電解液が存在する場所に配置されるので、この電解液に対するぬれ性（親和性）が高いことが求められます。というのも、電解液の最大の役割はリチウムイオンを通過させることですが、セパレータも電解液中に存在する以上、リチウムイオンを通過させる役目も担っているからです。

仮にセパレータが電解液をはじいてしまう性質であれば、はじかれた場所はリチウムイオンが通れず電池にとって不利になります。

厚さ

セパレータには、内部短絡を防ぐ役割がある一方で、リチウムイオンを通す役割もあることを説明しましたが、リチウムイオンを通すという役割を考えたときに、セパレータの厚みは薄い方が有利となります。セパレータが薄ければ、リチウムイオンは簡単にセパレータを通り抜けることができます。

したがって、セパレータにはリチウムデンドライトを通さないだけの厚さを確保しつつ、できるだけその厚みを薄くすることが求められているのです。

多孔性、透過性

セパレータにはリチウムイオンを通すために、小さな孔がたくさん空いてあいます。この孔はリチウムイオンの通過に非常に大切ですが、その前提としてリチウムデンドライトを通さないということが挙げられます。ですから、多孔性ではありますが、孔の大きさやその数には厳密な制御が求められます。通常、この孔の孔径は１ミクロン未満となっています。多孔性であることからセパレータには当然透過性が生じます。

また、セパレータがどの程度の透過性を有しているかを測る指標としては、電解液を使った指標ではなく、セパレータの一方から他方に、どの程度空気が通過するかという指標を参考にすることが一般的です（ガーレー透気度）。

耐熱性

セパレータは熱に強くなくてはなりません。夏、炎天下で電池を使っていたら、「セパレータが溶けたので内部短絡を防げませんでした」というのは当然回避するべきですが、そもそも電池内部の温度が上がるということは、すでにデンドライト等がセパレータを通過して、とても細かい線ではあるものの、内部短絡を起こして異常発熱をし始めている可能性もあるわけです。

そうしたときに、熱でセパレータが溶けてしまったり、縮んでしまったりしてセパレータが機能しないという最悪な状況は避けるべきです。

したがって、セパレータには耐熱性も必要とされています。

シャットダウン（電池の停止）

セパレータには、耐熱性が必要で、高熱になっても変化せず、リチウムデンドライトを食い止める必要があり、それに加えて、リチウムイオンをスムーズに通過させる性質も必要なことは上に述べたとおりです。

しかし、セパレータに求められているのはそれだけではありません。実は、最終的な役割として、リチウムイオンの通り道をふさいで電池を停止させるという役割も求められる場合があります。通常の使用をしていれば電池が熱暴走を起こすことはまず起きませんが、電池内部のどこかで短絡が起きてしまった場合や、極端に高温な環境で使用した場合等、電池内部の温度が上がりすぎ、この調子で温度が上がってしまっては、電解液が爆発的に燃え始めるという危険があるときがあります。

その場合に、セパレータはあえて熱で一部が溶けるように設計されており、それにより、セパレータに存在した小さな孔をふさいで（孔のあるスライスチーズを熱で溶かすと孔がふさがれるイメージです）、電池の動作を止めるという機能を持ったセパレータがあります。

そのために、超高温になったときに溶け出す樹脂がセパレータに備えられており、これが規定の温度（例えば 120℃程度）となったときに溶け出して、今まで小さな孔があった場所をふさぎます。これで、電池はもう動くことはなくなってしまいますが、それにより電池が発火することを防ぎます。

接着性

よくあるリチウムイオン電池の図解では、セパレータは両極の間に存在して、それぞれの極に接していないように描かれています。これは、正極、負極、電解液、セパレータ等をわかりやすく説明するためであり、実際には、セパレータは両極に接しています。その方が、リチウムイオンが移動する距離も短くなり、電池全体の大きさも小さくなるのでそうなっています。

つまり、セパレータは正極、負極から剥がれるとリチウムイオンが移動する距離も長くなる上に、電池も大きくなってしまいます。そうならないためにも、セパレータには正極、負極に対する接着性が求められているのです。

以上、リチウムイオン電池におけるセパレータに求められる性能や、セパレータが果たしている役割について説明をしましたが、電気を取り出すためには必要のない材料でも、電池を製品として提供する（安全性の高い製品を作る）という観点から、セパレータの役割は非常に大きいと言えるでしょう。

COLUMN

過放電と過充電

放電している状態は、電池に蓄えた化学エネルギーを電気エネルギーに変換しています。電池反応は活物質が行っていますが、それが反応し終わった後も放電反応を起こそうとすると、本来電池反応をするべきではない集電体などが、放電のための電池反応をしようとしたり、活物質が次の充電のために保持しなければいけない構造を崩してまでも放電反応をしようとします。

集電体はそもそも電池反応をするために用いられている材料ではないので、反応をしてしまうとその部分は元に戻りません。活物質も同様で、次の充電のために保持しておかなければならない構造を崩してしまうと、その分だけは、元に戻ることはできず、もともとあった容量を失います。

充電についても同様で、規定の程度まで充電をし終わった後にさらに充電をすると、電池内での正極と負極の電位差が大きくなり、電解質や活物質が分解しはじめます。そうすると、反応により電池内にガスが発生したり、充電できる容量が減少したりします。

このように、過放電や過充電は電池に負荷をかけるので、決められた充放電の方法を守ることが必要です。

リチウムイオン電池とレアメタル

電気自動車（EV）価格の 1/2 ～ 1/3 を占める電池

リチウムイオン電池はとても高い性能を発揮しますが、それを支えているのが「レアメタル」です。レアメタルとは、その名のとおり、rare metal=稀少な金属で、そのまま「稀少金属」とも言います。もともと埋蔵量が少ないもの、またそれら金属を泥や石から抽出・精製することがむずかしい金属のことを示します。

日本は、世界的に見てリチウムイオン電池をとても多く製造していますが、リチウムイオン電池に用いるレアメタルは全く生産していないので、輸入に頼っています。ということは、これらレアメタル資源が海外から安定して供給されるように注目しておくことも非常に重要です。

リチウムイオン電池のどこにレアメタルが用いられるかというと、主に正極活物質です。具体的な金属としては、リチウム、ニッケル、コバルト、マンガンが挙げられます（なお、正極、負極の集電体としてアルミニウム、銅が用いられていますが、同じ金属でもこれらはベースメタルとも呼ばれ、世界中で大量に流通しており、リチウムイオン電池を製造する程度であれば資源が枯渇することはまずないでしょう）。

また、リチウムイオン電池のコストの内訳は、次ページの図のようになっており（JOGMEC 資料より一部改変）、リチウムイオン電池の価格の実に 1/4 は正極活物質が占め、その原材料のレアメタルがとても重要であることがわかります。

さらに、電気自動車（EV）で見てみると、その価格の 1/2 ～ 1/3 を電池が占めるとされており（2018 年 4 月の資源エネルギー庁のデータより）、電気自動車のような高額のもので考えると、よりリチウムイオン電池、その正極活物質の原料であるレアメタルがどれはど重要で、また価格的にも大きいかということが実感できます。

それでは、それぞれのレアメタルについて見てみましょう。

リチウムイオン電池のコスト内訳

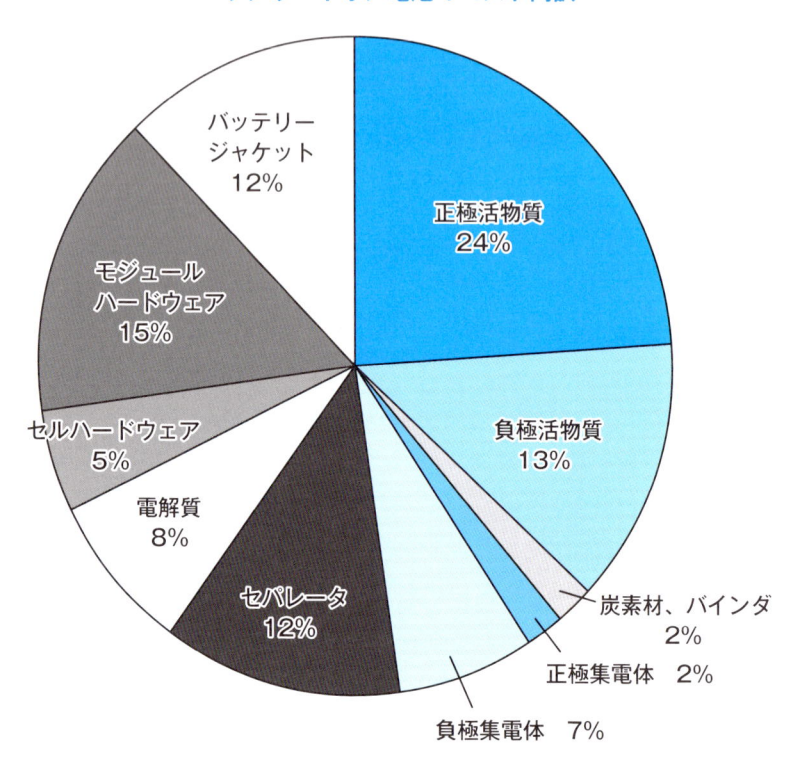

リチウム・ニッケル・コバルトの資源の偏在性

Li（リチウム）

　リチウムは、リチウムイオン電池を製造する上で確実に必要なレアメタルで、オーストラリア、チリ、アルゼンチンから多く生産されます。オーストラリアでは、鉱石から精製して得られ、チリやアルゼンチンでは塩湖（かん水。この中にはナトリウムやリチウム等が含まれます）から生産されています。コスト的に見ると、かん水からのものは安く得ることができます。

　リチウムは元素周期表（巻末資料）から見てもわかるとおり、ナトリウムに近い金属であり、海水にもある程度存在していますが、海水を精製してリチウムを得るにはコストがかかります。しかし、将来的に海水からリチウム

を回収・精製する技術が開発されれば、日本は海に囲まれていますので、リチウムに困ることはなくなるかもしれません。

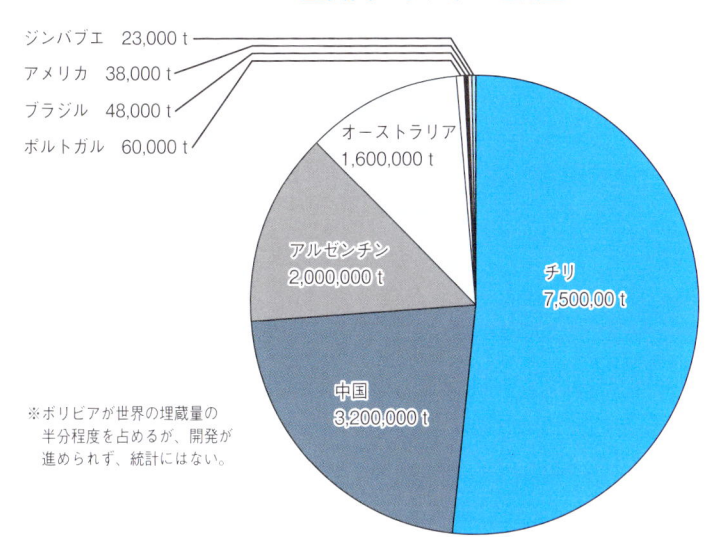

主要国のリチウム埋蔵量(t:トン)

ジンバブエ　23,000 t
アメリカ　38,000 t
ブラジル　48,000 t
ポルトガル　60,000 t

オーストラリア
1,600,000 t

アルゼンチン
2,000,000 t

チリ
7,500,00 t

中国
3,200,000 t

※ボリビアが世界の埋蔵量の
半分程度を占めるが、開発が
進められず、統計にはない。

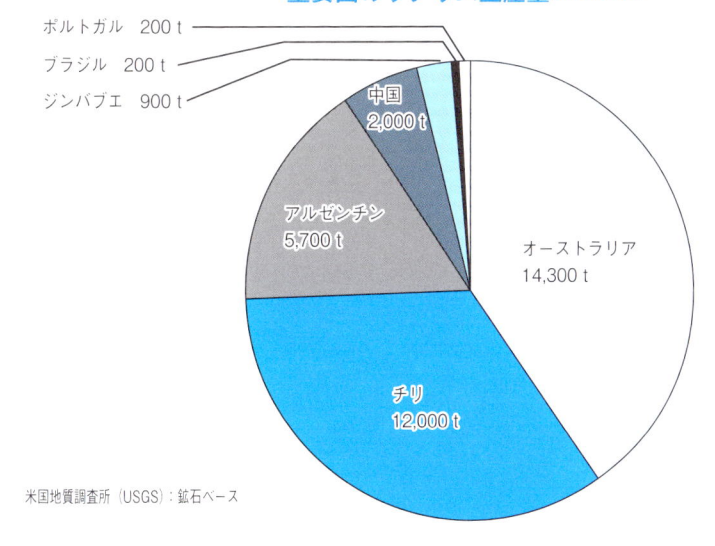

主要国のリチウム生産量(2016年)

ポルトガル　200 t
ブラジル　200 t
ジンバブエ　900 t

中国
2,000 t

アルゼンチン
5,700 t

オーストラリア
14,300 t

チリ
12,000 t

米国地質調査所（USGS）：鉱石ベース

リチウムの代替手段としては、それほど普及している技術ではありません

がナトリウムが挙げられます。ナトリウムは、性質もリチウムに似ているので、リチウムイオン電池ではなく、ナトリウムイオン電池とすることで、リチウムを用いることなく電池を作ることができます。

面白い技術として、アメリカの「ナトロンエナジー（natron energy）」では、顔料のプルシアンブルー（葛飾北斎の有名な「富嶽三十六景」にも用いられた青い顔料）を活物質にしたナトリウムイオン電池を実用化したと発表しています。

Ni（ニッケル）

ニッケルは、基本的にはステンレス鋼・特殊鋼への添加剤としての需要があり、リチウムイオン電池以外にも需要はあります。

2018 年 4 月の資源エネルギー庁のデータによると、世界の年間生産量は、リチウムは 3.5 万純分トン、コバルトは 12 万純分トン、ニッケルは 190 万純分トンとなっています。

また、生産地も世界各地に広がっており、インドネシア、ロシア、フィリピン、カナダ、ニューカレドニア、オーストラリア等から生産可能です。

このように、ニッケルは資源的な観点から次に紹介するコバルトに比較して余裕があり、また正極活物質として用いることができたとすると容量が大きくなることから、リチウムイオン電池にコバルトよりもニッケルを使うことができたら有利です。

したがって、リチウムイオン電池が登場した当時は、正極活物質としてコバルト酸リチウム（LCO）が用いられていましたが、新しく実用化された活物質として NCM（ニッケル／コバルト／マンガン）、NCA(ニッケル／コバルト／アルミニウム) が出てきました。どちらも、コバルトに対してニッケル及び他の金属を混ぜてコバルトの使用量を下げています。

こう説明すると、ニッケルの供給に関して心配する必要がないように思えるかもしれませんが、ニッケルがレアメタルであることに変わりなく、例えば不動産関係の需要が大きくなった場合にステンレス鋼に用いるためにニッケルの価格が高騰したこともあり、これは電池の生産にも影響を与えるため、注意も必要です。

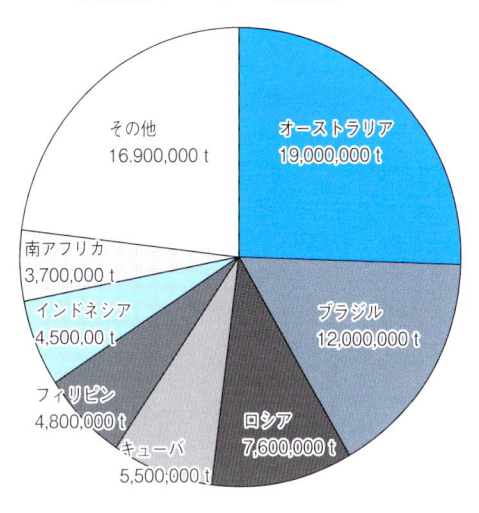

主要国のニッケル埋蔵量(t:トン)

オーストラリア
19,000,000 t

その他
16.900,000 t

南アフリカ
3,700,000 t

インドネシア
4,500,00 t

フィリピン
4,800,000 t

キューバ
5,500,000 t

ブラジル
12,000,000 t

ロシア
7,600,000 t

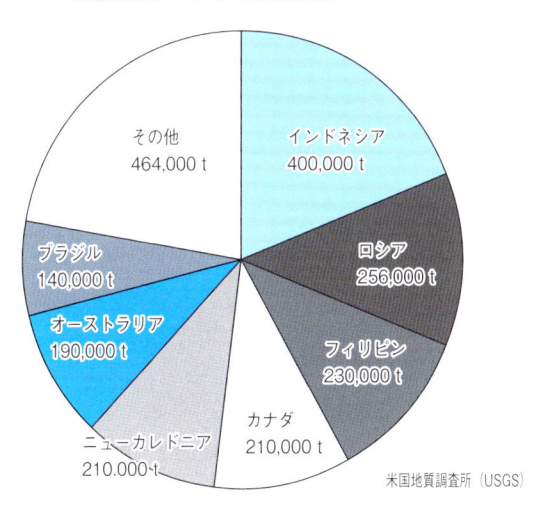

主要国のニッケル生産量(2017年)

インドネシア
400,000 t

その他
464,000 t

ブラジル
140,000 t

オーストラリア
190,000 t

ニューカレドニア
210.000 t

カナダ
210,000 t

ロシア
256,000 t

フィリピン
230,000 t

米国地質調査所（USGS）

Co（コバルト）

　現在のリチウムイオン電池が開発されたときに、コバルト酸リチウムが正極活物質として最初に用いられた活物質です。コバルトは、価格も高く、そ

の利用率を下げようとする研究はあるものの、現在でもリチウムイオン電池を製造する際に必要な金属です。

　コバルトは銅、ニッケルの副産物として生産され、コバルトそのものを生産しようとして得られるものではありません。したがって銅やニッケルを得ようという動機が働かなければコバルトの生産が増えることはありません。

　また、コバルトの最大の産出国は、アフリカのコンゴ民主共和国ですが、人権を無視した資源開発等が問題視されることもあり、法令順守を意識した企業が資源開発等に参入しやすい環境ではありません。アムネスティによれば多くの児童が採掘に従事させられ、一部では手掘りで採掘が行われたり、落盤や粉塵による死亡事故等も発生したりしていると報告されています。

　コバルトの 2015 年の世界需要は EV 約 800 万台（40kWh、15kg/ 台）に相当し、今後は供給がひっ迫する可能性があります。

　そこで、各国では戦略的に重要な金属元素として、リチウムイオン電池からコバルトをリサイクルして抽出する技術の開発に力を入れています。電池を再生、再利用するというときに大きく意識されるのはコバルトの再利用で、今後とも、コバルトの需要は高い状態が続くと見られることもあって、リチウムイオン電池から再生される金属の中で、コバルトは再生するだけのコストに見合う金属だと言われています。

Mn(マンガン)

　マンガンは、マンガン電池、アルカリ電池、リチウム電池等の一次電池でも正極活物質の原料として用いられており、リチウムイオン電池では、NCM（ニッケル／コバルト／マンガン）として、ニッケルとともに用いられています。

　こうするとマンガンは電池で多く用いられていると感じるかもしれませんが、マンガンは鉄鋼を生産する上で必要不可欠な金属で、国内のマンガンはほとんどが鋼材に用いられています。

　南アフリカ共和国、中国、オーストラリアから多く生産されますが、第二次世界大戦中は日本でも鉱山の開発がされました。また、朝鮮戦争の際には、アメリカ製のマンガン電池は、無線機器用電源に役立たなかったところ（ア

世界のコバルト埋蔵量（トン:t）

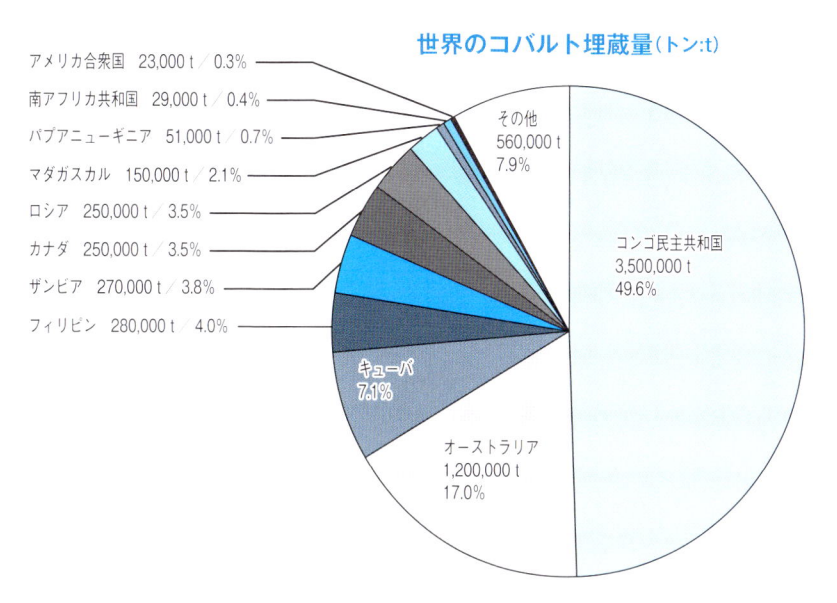

アメリカ合衆国　23,000 t／0.3%
南アフリカ共和国　29,000 t／0.4%
パプアニューギニア　51,000 t／0.7%
マダガスカル　150,000 t／2.1%
ロシア　250,000 t／3.5%
カナダ　250,000 t／3.5%
ザンビア　270,000 t／3.8%
フィリピン　280,000 t／4.0%

その他
560,000 t
7.9%

コンゴ民主共和国
3,500,000 t
49.6%

キューバ
7.1%

オーストラリア
1,200,000 t
17.0%

世界のコバルト生産量（2016年）

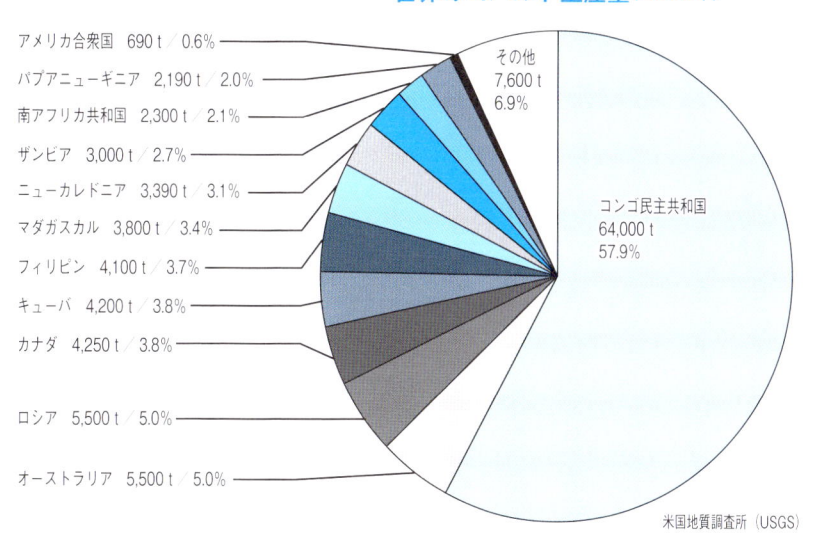

アメリカ合衆国　690 t／0.6%
パプアニューギニア　2,190 t／2.0%
南アフリカ共和国　2,300 t／2.1%
ザンビア　3,000 t／2.7%
ニューカレドニア　3,390 t／3.1%
マダガスカル　3,800 t／3.4%
フィリピン　4,100 t／3.7%
キューバ　4,200 t／3.8%
カナダ　4,250 t／3.8%
ロシア　5,500 t／5.0%
オーストラリア　5,500 t／5.0%

その他
7,600 t
6.9%

コンゴ民主共和国
64,000 t
57.9%

米国地質調査所（USGS）

メリカからの輸送中に、二酸化マンガンに含まれた不純物により電池が自己放電をしていたため）、当時の松下電器が開発した電解二酸化マンガンを使った電池は優れた長寿命を示し、日本が世界一の電解二酸化マンガンの生産国

になったという歴史もあります。

　マンガンは、コバルトに比べると豊富に存在しますが、ニッケルと同様に不動産等の鉄鋼を多く消費する業界からの需要が増えると価格が上昇することがあり、価格上昇と高値継続などが起こると、独立行政法人石油天然ガス・金属鉱物資源機構 (JOGMEC) が備蓄している物資が売却されています。

　これらのレアメタルの埋蔵量・生産量は、採掘・回収の技術、コストとの兼ね合いで大きく増減します。例えば、リチウムは微量ながら海水中に広く万遍なく含まれ、効率よく回収する技術が高まれば、海に囲まれた日本は有望になります（日本原子力研究開発機構で開発中）。また、海底のレアアース泥や熱水鉱床、コバルトリッチクラスト、マンガン団塊、メタンハイドレート等からの鉱物資源開発技術が進めば、その分、埋蔵量に加算されることはあり得ますし、日本がこれら鉱物の生産国になるという可能性もあります。

⚡COLUMN

実は新しい技術：リサイクル技術

　リチウムイオン電池は電池の中では最近実用化されたもので、現在でも関連する新技術が生み出されていますが、さすがにそのペースは鈍ってきてはいます。

　ところが、意外な新技術として、電池を作ったその後の「リサイクル」が挙げられます。リチウムイオン電池は、電解液には危険な物質を使っていますし、電極には、レアメタルが多く用いられています。また、レアメタルの中でも、コバルトは、単純に金属そのものの価値が高いので、うまく回収したい材料でしょう。

　そんなこともあり、アメリカや中国ではリチウムイオン電池のリサイクルが盛んに研究されています。日本でも、毎年開催される展示会「バッテリージャパン」で今年（2019 年）2 月に初めてリサイクル技術に関するブースが設けられており、今後、自動車等に電池が用いられるようになった電池の、その後の技術開発競争も激しさを増しそうです。

リチウムイオン電池の開発競争の現在

　現在電池の分野で最も開発競争が激しいのがリチウムイオン電池に関する技術分野です。したがって、リチウムイオン電池についての技術動向がどのようになっているかという調査が度々行われています。

　以下のデータは、特許庁が公開している平成 29 年度の特許出願技術動向調査「リチウム二次電池（24 年度更新）」から引用したグラフで、調査対象期間（優先権主張 2009 〜 2015 年）における、リチウムイオン電池に関する特許の日本、米国、欧州、中国、韓国への特許の出願件数の推移が表されています。

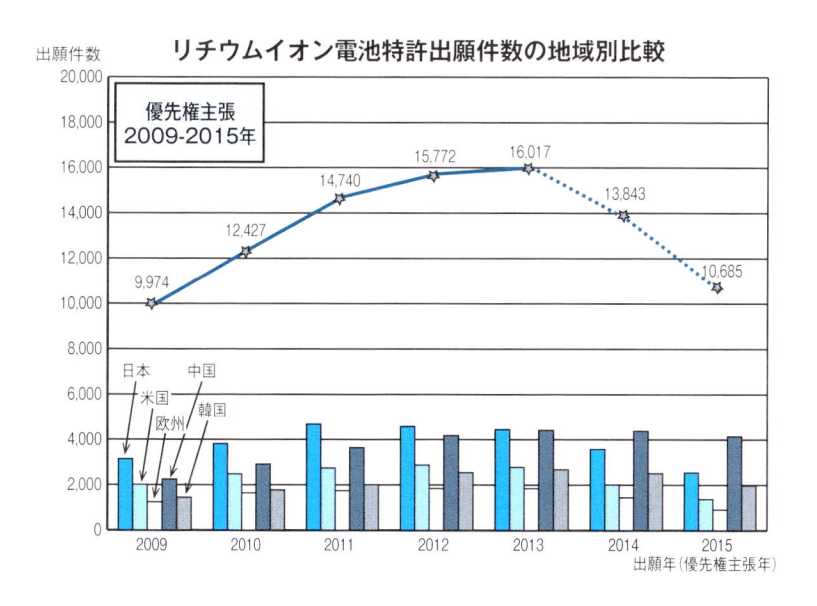

リチウムイオン電池特許出願件数の地域別比較

　リチウムイオン電池に関する特許の出願は 2009 年から年々伸びていることがわかることから、技術開発の競争が激化していることがわかります

（2014 年と 2015 年の出願が減っているように見えますが、調査をしたときに、2014 年と 2015 年の特許出願が公開されていないことから、このような現象が見られるだけで、特許が公開されれば、2014 年、2015 年の件数も右肩上がりで伸びていると予想できます）。

そしてじっくり見てみると、2009 年頃は日本の出願件数が一目で一番多いことがわかります。一方で、中国との差はどんどん縮まり、2013 年には日本と中国への出願件数はほとんど同数になっています。

リチウムイオン電池は、日本から商品化された電池で、はじめは家電製品に用いられる程度の力しか出せなかったのですが、現在では自動車の動力としても用いられています。自動車の動力とするためには、さすがに小さな電池が 1 つや 2 つあるだけでは無理なので、何個も電池をつなげて自動車を動かせるようにしています。したがって、自動車の分野では、より多くの電池が必要とされるようになっているのです。

今後も自動車だけではなく他のものも電池で動かそうとするはずですので、電池の開発競争がますます激しくなっていくと考えられます。

中でも、現在もっとも熱い視線を浴びているのが、次章で紹介する「全固体電池」です。

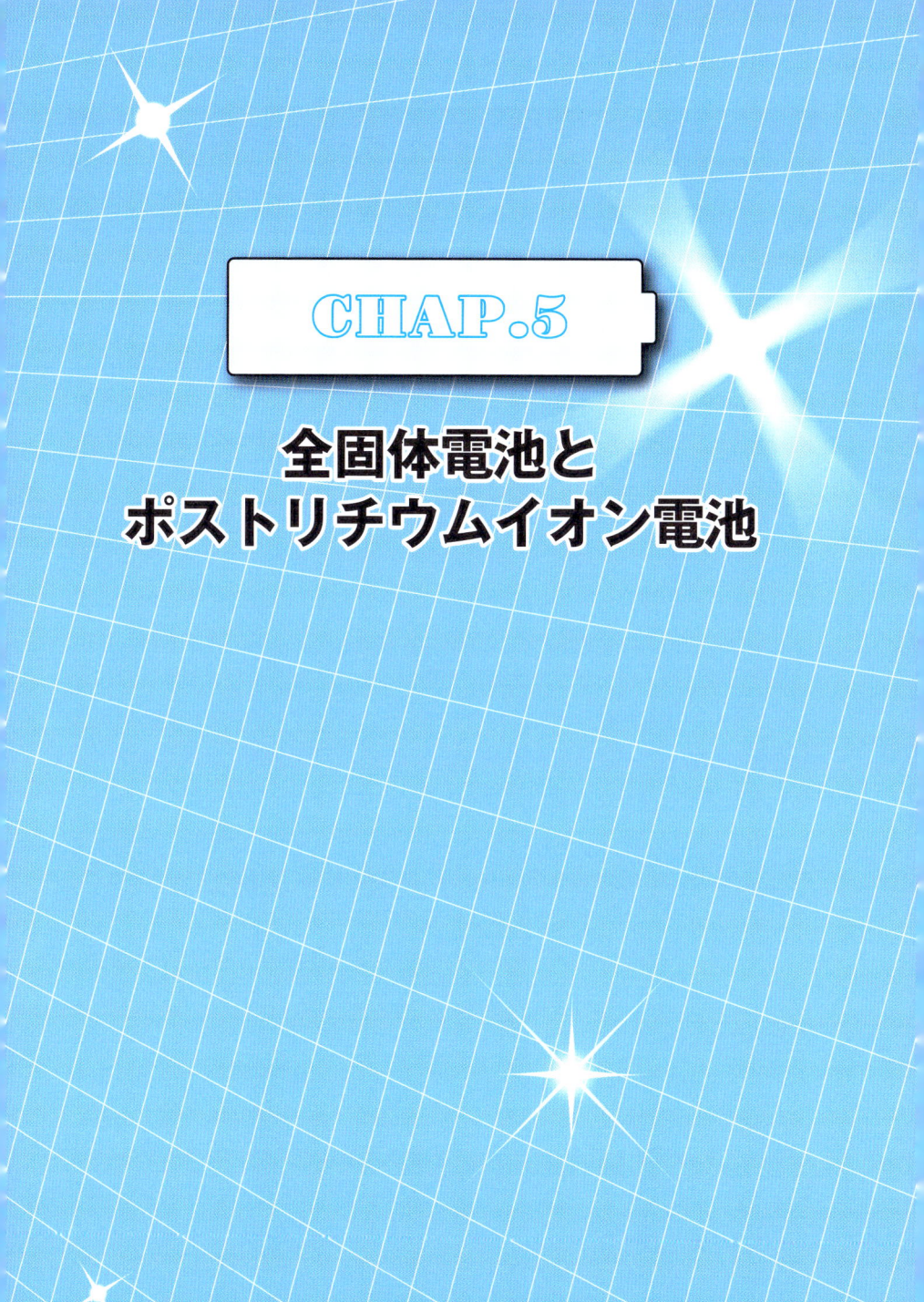

CHAP.5

全固体電池と
ポストリチウムイオン電池

本格的な実用化はもうすぐそこ！全固体電池

　現在、テレビや新聞などで大注目なのが「全固体電池」です。

　最近になって出てきた技術なので、「全固体電池」という名前が耳新しく、全く新しいシステムの電池と考えてしまうかもしれませんが、リチウムイオン電池の中で、電解質を無機固体電解質にした電池を、特別に「全固体電池」と言っています。

　ですから、テレビや新聞で「全固体電池」が話題になっている場合、「ああ、これは、リチウムイオン電池で、電解質が無機固体電解質のモノのことを言っているんだ」と理解して大体は間違っていません（とは言っても、電池の製造方法等について、技術的には全く新しい電池となってはいますが）。

　全固体電池は、まだ広く販売されて普及しているというわけではありません。しかし、全固体電池が実用化されると、エネルギー供給という面で大きな変化が起こることにほぼ間違いがなく、さらに、この実用化は近い将来（少なくとも 2025 年）には現実になると言われています。

　全固体電池が実用化・普及されると大きな変化が起こる理由は、全固体電池となることで、**現在のリチウムイオン電池よりも、飛躍的に安全になり、また電池が出すパワーも大きくなる**からです。

　こうなると、最初にわかりやすく変化するのが、自動車だと考えられます。今よりも高性能の EV が生産できることになるので、自動車の多くが EV に代わるでしょう。

　また、電池が安全になることから、比較的大きい電池を家庭や工場に個別に全固体電池を設置しておいて、自然エネルギーから発電された電気を蓄えておき、そこから必要なときに電気を供給することもできるようになるでしょう。

全固体電池の革命的な特徴

　全固体電池が実用化されると、私たちの生活面においてエネルギーの供給に変化が起きるだろうと予測できますが、全固体電池では電気化学の学問的に見ても革命的と言えるほどの変化が起きています。

　ボルタが人類で最初に発明したと言われる「電池」から現在に至るまで、一般的な電池には、その名のとおり「池」つまり液体が電解質等に使われていました。マンガン電池やリチウム電池等は流動する形で液体は用いられていませんが、やはり電解質には液体を用いています。

　どのような電池であれ、これまであった電池や現在実用化されている電池は、電解質等には液体が使われており、液体である電解質（電解液）が正極または負極に接触しており、電解液と電極活物質との間で反応が起きていました。

　ところが、**全固体電池は液体を用いていないので、電極（活物質）と固体電解質が接触しており、電極（活物質）と固体電解質との間で反応が起きています**。つまり、固体と固体の間で反応が起きています。

　固体と固体の間で化学反応が起こるというこの特徴点は、電気化学的には大きな特徴と言えます。電解質が液体であれば、単純に、電極活物質に浸透しやすく、電極上での電池反応も進行しやすいですが、電解質が固体の場合、電極に浸透させるのは容易ではなく、この反応を電池にさせているということだけでも革命的と言えるでしょう。

　私たちは、電池の長い歴史の中で、初めて液体を全く使わない電池が工業的生産されて広く普及する瞬間を見ることになるのです。

電解質も固体だから「全固体電池」
──無機固体電解質

　読んで字のごとく、すべてが固体の電池のことを「全固体電池」と言います。しかし、リチウムイオン電池では、電極はすでに固体なので、電解質が固体となったものについて、特に「全固体電池」と言います。

　ところで、ガラスもポリマーも電解質になるものはありますし、どちらも固体と言えば固体ですから、ポリマー電解質を用いたリチウムイオン電池も固体電池と説明されている場合があります。このポリマー電解質を用いたリチウムイオン電池はすでに実用化されていて、スマホのバッテリーなどに広く用いられています（「リチウムポリマー電池」と呼ばれることもあります）。とは言え、ポリマー電解質には、電解液を吸収させて用いていることもあり、普通はポリマー電解質を用いたものを全固体電池と呼ぶことはありません。全個体電池とは、一般的に**無機固体電解質を使ったもの**を言います。

　それでは、無機固体電解質とはどのようなものでしょうか？

　無機固体電解質とは、セラミックス（お茶碗やコーヒーカップに用いられている材料、陶器のようなもの）とかガラスに近い性質を有している物質です。通常私たちが手にするセラミックスやガラスには電池に使えるほどのイオン伝導性がないのですが、研究の積み重ねにより、セラミックスやガラスであってもイオン電導性がある材料が見つけられました。

　この不思議な性質を持つ材料の開発により、全個体電池は誕生することになったのです。今でもガラスなのにイオン電導性を有する材料の研究は精力的に行われています（154 ページ表）。

　電池材料としてセラミックやガラス等の無機固体電解質を用いたときに、非水電解液（有機溶媒）よりも好ましい点は、数多くあります。例えば、**物理的、機械的な強度が強い、高温環境でも耐えられる**、ということです。この他にも、メリットがありますので詳しく見ていきましょう。

全固体電池の基本的なしくみ

電極活物質と固体電解質との接触面について

　全固体電池は、基本的にリチウムイオン電池と同様の反応で充放電を行います。しかし電解質が無機固体電解質であるために、電極活物質と電解質との接触面（接触面について「界面」という用語がよく使われます）をどのように形成するのかがしばしば問題となり、**電極活物質と電解質との接触する面積を大きく**しようとする研究が進められています。

　良好な界面を調整するための方法としてまず挙げられるのが、バルク型の全固体電池です。次の図を見てわかるように、正極、負極の部分には、それぞれ活物質とその間を埋める固体電解質で層を形成するような形になっています。こうすることで、より良好な界面が形成され、リチウムイオンが供給されやすくなる工夫がされています。

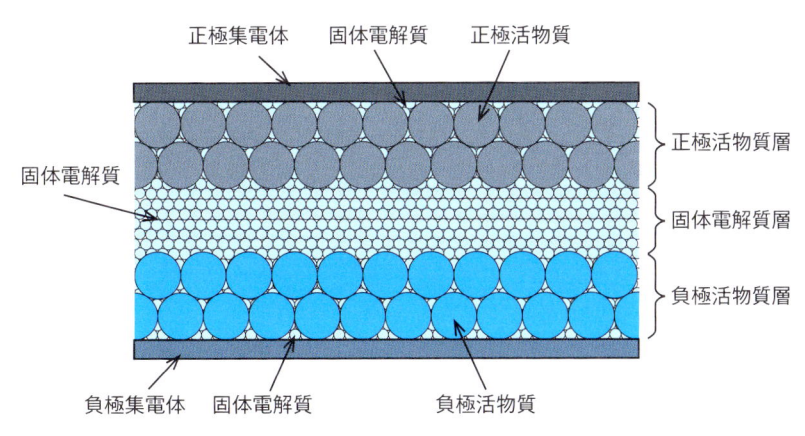

全固体電池のしくみ

　また、これに圧力をかけるコールドプレス（室温での加圧）、ホットプレス（電解質が柔らかくなる程度の高温）という方法を用いて良好な界面を形

成する試みもされています。この他にも活物質を固体電解質でコーティングするという方法も研究されています。

　以下の図は、それぞれのイメージを表したものです。室温付近で活物質と固体電解質をプレスすると、固体電解質が少し変形し、活物質との界面が取れるようになります。また、ガラス等の電解質が柔らかくなる程度に温度をかけつつプレスをすると、電解質の変形がより多くなり、よりたくさんの活物質との界面が取れるようになります。

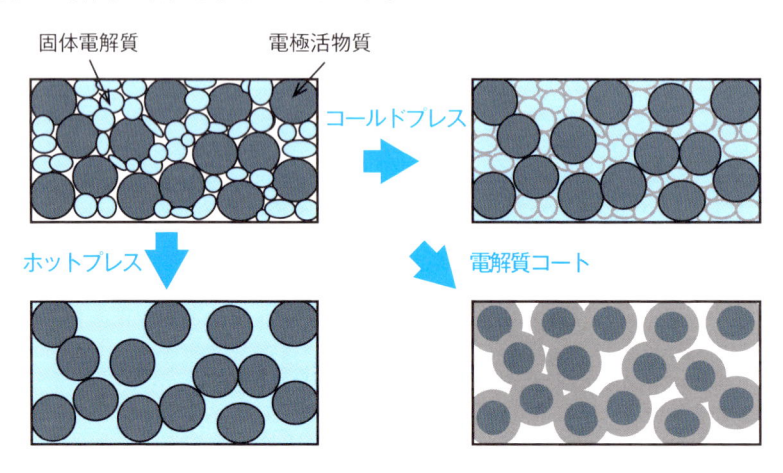

固体電解質の種類について

　固体電解質は、大きく分けて**硫化物系のものと酸化物系のもの**に分けることができます。硫化物系のものは、導電率も高く、成形性に優れています（例えば、室温条件でコールドプレスで圧力をかけると簡単に良好な導電率を示すものが得られます）。その一方で硫化物系のものは大気中で不安定で、空気に触れると分解して有毒ガスである硫化水素が発生するので、電池を製造するときには酸素のない環境が必要です。一方、硫化物系と違って酸化物系のものは大気中で安定的です。

　ここから、まずは導電率が高い硫化物系の固体電解質が実用化されるとしても、大気中での安定性に問題があっては、大量生産もしづらいですので、いずれは酸化物系の化合物の実用化が望まれています。

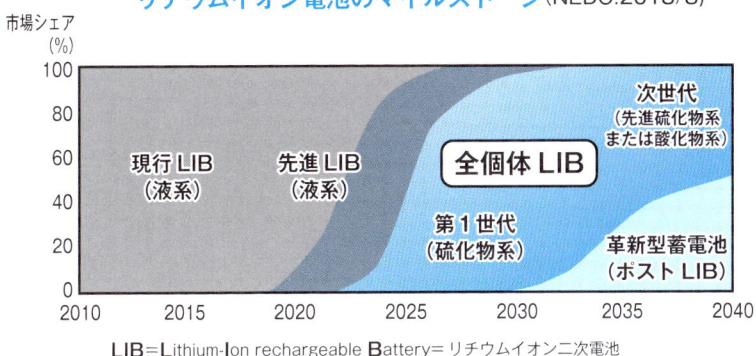

リチウムイオン電池のマイルストーン（NEDO:2018/8）

LIB＝**L**ithium-**I**on rechargeable **B**attery＝ リチウムイオン二次電池

　このため、2018 年 6 月に NEDO が発表した EV 用バッテリーの技術シフトの想定でも、2025 年あたりに、まずは硫化物系が出た後に酸化物系の次世代電池の出現が想定されています。

注）NEDO ＝国立研究開発法人新エネルギー・産業技術総合開発機構

　また、固体電解質はガラス材料、結晶材料、それとガラスセラミックスと呼ばれる種類に分けることもできます。それぞれの材料の開発に関して、ガラス材料は、材料の導電率を増大させるためにはリチウムイオンをたくさん入れ、リチウムイオン濃度を高めることが最も重要で、結晶材料では、欠陥構造、層状構造や平均構造といった特殊な構造デザインがイオン伝導性を高めるために重要です。

　この二つのイオン伝導性を比べると、ガラス（非晶質）は通常の結晶よりも高いイオン伝導性を示しますが、いわゆる超イオン伝導結晶相の場合は、結晶はガラスよりも高い導電率を示します。とは言え、超イオン伝導結晶相は高温で安定であって、温度を下げると導電性の低い相に相転移します。

　また、ガラスセラミックスはガラスを加熱結晶化して得られる材料のことですが、ガラスの加熱結晶化によって高温安定相である超イオン伝導結晶が析出しやすい特徴を有しています。

　この他、酸化物系については，Li_3PO_4 の一部を窒化した、LIPON（ライポン）と呼ばれるアモルファス薄膜がスパッタにより製造されています。

全固体電池の電解質の違い

	組　成	室温導電率 (S/cm)	分　類
酸化物系	$La_{0.51}Li_{0.34}TiO_{2.94}$	1.4×10^3	結晶（ペロブスカイト型）
	$Li_{1.3}Al_{0.3}Ti_{1.7}(PO_4)_3$	7×10^4	結晶（NASICON型）
	$Li_7La_3Zr_2O_{12}$	3×10^4	結晶（ガーネット型）
	$50Li_4SiO_4 \cdot 50Li_3BO_3$	4.0×10^6	ガラス
	$Li_{2.9}PO_{3.3}N_{0.46}$（LIPON）	3.3×10^6	アモルファス（薄膜）
	$Li_{3.6}Si_{0.6}P_{0.4}O_4$	5.0×10^6	アモルファス（薄膜）
	$Li_{1.07}Al_{0.69}Ti_{1.46}(PO_4)_3$	1.3×10^3	ガラスセラミックス
	$Li_{1.5}Al_{0.5}Ge_{1.5}(PO_4)_3$	4.0×10^4	ガラスセラミックス
硫化物系	$Li_{10}GeP_2S_{12}$	1.2×10^2	結晶
	$Li_{3.25}Ge_{0.25}P_{0.75}S_4$	2.2×10^3	結晶
	$30Li_2S \cdot 26B_2S_3 \cdot 44LiI$	1.7×10^3	ガラス
	$63Li_2S \cdot 36SiS_2 \cdot 1Li_3PO_4$	1.5×10^3	ガラス
	$57Li_2S \cdot 38SiS_2 \cdot 5Li_4SiO_4$	1.0×10^3	ガラス
	$70Li_2S \cdot 30P_2S_5$	1.6×10^4	ガラス
	$50Li_2S \cdot 50GeS$	4.0×10^5	ガラス
	$Li_7P_3S_{11}$	1.0×10^2	ガラスセラミックス
	$Li_{3.25}P_{0.95}S_4$	1.3×10^3	ガラスセラミックス

全固体電池のメリット

全固体電池は、

①これまであるリチウムイオン電池よりも高性能で、

②そこで起きている反応は電気化学的には革命的なもので、

③そのような性質が発揮できる理由が無機固体電解質にある、

ということがおわかりいただけたかと思います。

なんだか素晴らしいものらしいということは理解していただいたと思いますが、もう少し具体的に全固体電池の利点を紹介していきたいと思います。

安全性・信頼性の飛躍的向上（難燃性、副反応低減）

リチウムイオン電池は、電解液に非水電解液（有機溶媒）を用いていました。それにより、高電位での電解液の分解を防ぎ、また、低温域での電池特性の改善等にも優れる電池となっているのですが、有機溶媒を用いていますので、石油に近い性質を有しており、欠点として燃えやすいということが挙げられます。

少し大げさになってしまうかもしれませんが、電解質に有機溶媒を使うということは、電解質に石油を使っているというイメージで考えれば、わかりやすいかと思います。

さらに、電解質に有機溶媒を用いると、固体に比べて電極材料との反応性が高いので、電極材料を破壊してしまい、その結果、電池性能を低下させてしまうということもあります。

しかし、**無機固体電解質は、ガラスやセラミックからできているので、簡単には燃えません。**また、無機固体電解質はリチウムイオンを受け渡しするだけで、電極材料と反応するような溶媒や添加剤はありませんので、電池の材料を破壊することはなく、これまでより**長寿命化が期待されます。**

高エネルギー密度化

全固体電池にするということは、電解質に無機固体電解質を使うということを意味しますが、無機固体電解質自体は、エネルギー密度を高くすることには関与していません。

それではなぜ高エネルギー密度化ができるかというと、

①今までに用いることのできなかった活物質を使った電池が製造できる

②電極スタックによる高エネルギー密度化ができる（電極セルを封止する金属パッケージ、電池セルをつなぐ銅線やバスバーを省略できる）

という点が挙げられるからです。

①については、例えば、硫黄を正極活物質、金属リチウムを負極活物質に用いると、その理論容量は格段に上がることはすでにわかってはいます。しかし、硫黄は現在の非水電解液には溶解していってしまうので、電池として実用化はできません。また、金属リチウムはすでに紹介したとおり、有機電解液を用いた電池に使ってしまうと非常に危険です。しかし、無機固体電解質を用いた電池であれば、硫黄は溶出しませんし、有機電解液のように燃えてしまうことはありませんので、これらの活物質が用いられる可能性は高くなります。

今は、硫黄と金属リチウムについて説明しましたが、これら以外にも有望な電極材料（活物質）はあります。しかし、電池の電極材料として用いようとすると、現在のリチウムイオン電池では、電解液を用いているために実現ができません。今後それらの有望な電極材料は、全固体電池が実用化されることで利用可能になることもあるでしょう。

②については、全固体電池はその名のとおり、すべてが固体となっています。したがって、今まで液体の電解質を用いた場合では、電解液がうまく電池内全体に含侵しなかったり、液漏れをする可能性があることから実際には製造できなかった構造も採用できることになり、新しい積層型電池の構築、パッケージ化が可能になると期待されています。

そうすると、電池単体だけでなくそれら電池を集めたときの積層の仕方に自由度が生まれ、より密に積層することができるようになります。そして、

電池パッケージとして最終的に、全固体電池の高エネルギー密度化が達成されると考えられます。

高電圧電池（高いボルト数を有した電池）の構築

　高電圧の電池を製造しようとすると、より高電位の正極を用いる必要があります。しかし、高電位の正極を開発しても、それを用いて電池を組み立てられる電解質がありませんでした。つまり、高電位の電池を製造するには、それに耐えられる電解質が必要ですが、仮に正極の高電位（極度な酸化状態）に耐えうる電解質を開発したとしても、同時に負極の低電位（極度な還元状態）に耐えることも必要です。

　そして、現在のリチウムイオン電池よりも高電位の正極を用いた場合、同時に用いる負極との電位のギャップに耐えられる電解質の開発が簡単ではありませんでした。

　したがって、電解液を用いたリチウムイオン電池では、より高電位の正極材料の研究をしたところで、いざその材料を使って電池を作ろうとしても、電解液が分解してしまって、電池にはなりませんでした。

　しかし、固体電解質は、正極側の酸化状態、負極側の還元状態により耐久性があるものが開発される可能性があります。

　また、**電解質が固体であるため、液体の電解質と違って、正極側の電解質が負極側の電解質と混ざり合うことや、負極側に流れていくことはありません**。よって、正極側には正極側に適した固体電解質を用い、負極側には負極側に適した固体電解質を用いることが可能なので、電位差のギャップに耐えられるものでなくとも電池の製造が可能になります。

　そして、最終的には、今までのリチウムイオン電池よりも高電圧を有する固体電池が製造される可能性があります。

高出力化

　エネルギーをたくさん溜めることができ（高エネルギー密度）、高い電圧

を有しているということのほかに、電池の能力の考え方として、その力を出し切る能力（出力）の指標も必要です。

　同じ重さの荷物をある台の上に乗せようとしたときに、5秒で乗せるのか10秒で乗せるのかどちらの出力が高いかというと、より短い5秒で乗せる方の出力が高いということになります。

　瓶から水を流し出すときの水の量で考えれば、瓶に入っている水の量は同じでも、一度にたくさん水流す方が、出力が高くなります。つまり、出力が高いということは、電流がより多く流れているということになりますが、そのためには一方の電極と他方の電極の間をリチウムイオンが速く、大量に移動しなければなりません。リチウムイオンの移動が速く大量に起これば出力が高いという説明もできます。

　全固体電池では出力に関しても現在のリチウムイオン電池よりも優れたものになると言われています。

　その理由として固体電解質は、

①リチウムイオン伝導性がより高い

②溶媒和－脱溶媒和の問題がない

ということが挙げられます。

　①のリチウムイオン伝導性が高いというのは、電池の内部で正極と負極の間をリチウムイオンが動く速度が早いということを表します。電気をたくさん流すには、電池内部の反応速度を上げなければいけませんが、そのためには、リチウムイオンが電極間をスピードよく行き来する必要があります。以前は、液体の方がリチウムイオン伝導性は高かったのですが、研究の結果、固体電解質の中にはリチウムイオン伝導性が有機溶媒より高いものが生み出されています。

　②の溶媒和－脱溶媒和について、有機電解液を用いた現在のリチウムイオン電池では、リチウムイオンが一方の電極から飛び出して、他方の電極に移動する際に、分子レベルで詳細に見ると、リチウムイオンが電解液の溶媒に囲まれるような状態を作ります。これを「溶媒和」と言います。そして、リチウムイオンが移動して行って他方の電極についたときには、脱溶媒和、つまり周りの溶媒を脱ぎ捨てるようにして電極にリチウムイオンが入っていき

ます。

　この溶媒和－脱溶媒和をする際のロスによって、結果的に電池の出力が下がってしまいます。

　しかし、固体電解質は、電解質の中をリチウムイオンのみが動いているのでそのような問題がなく、より高出力な電池が得られるのです。

最高のリチウムイオンの輸送効率

　リチウムイオンは充電するときには負極に向かって動き、放電するときには正極に向かって動きます。つまり、リチウムイオンが動いた分だけ充電されたり放電されたりするしくみになっています。

　このとき、電解液中で実際に起きているのはリチウムのプラスイオンが動いていくのと同時に、リチウムイオンとは反対方向に電解液中のマイナスイオンが動いています。

　マイナスイオンが動くと電池内で不必要な反応が起きる可能性がありますし、マイナスイオンを動かすための電池内部のエネルギーを使ってしまうことになります。したがって、リチウムイオン電池の内部でマイナスイオンは本来は動いてほしくはないのです。

　全固体電池は、マイナスイオンは全く動きません。動いているのは、固体電解質のリチウムイオンだけです。これは、「リチウムイオン輸率[※]が１である」という状態で、**マイナスイオンが動くことによる副反応やエネルギーのロスという問題は起きないというメリット**があります。

　　※輸率＝電解質の溶液に電流を流したとき、ある特定のイオンが担った電流の全電流に占める
　　　割合。

全固体電池開発に際して課題となる点

　ここまで説明すると、全固体電池は完璧なもので欠点がないと考えられるかもしれませんが、全固体電池にも多くの課題が残されています。

　無機固体電解質には大きく分けて、硫黄が物質内に含まれる硫黄系材料と酸素が含まれる酸素系材料があり、それぞれの材料の得意、不得意な部分があるので、一概にすべての固体電解質が以下のデメリットを持っているとは言えませんが、次に課題として指摘される点を挙げていきます。

大気安定性に劣る（製造する際の取扱いが難しい）

　無機固体電解質はガラスやセラミックスの仲間だという説明をしましたが、高いイオン伝導性を示すものは空気に触れると分解してしまいます。望ましくない分解反応の例として、ガラス中の硫黄分が大気中の水分と反応することで硫化水素を発生する反応があります。そこで、現在実験室で実験をするときには空気が入っていない透明な箱の中に長い手袋が入っている箱（グローブボックス）で実験を行っています。

　しかし、これから電池を実用化しようとする際に、工場内の大部分をグローブボックスと同じ条件にしようとするとコストがかかってしまいます。ですから、より大気安定性の高い材料の開発が望まれます。

電極と固体電解質との接触面

　無機固体電解質は、電極（活物質）との間でリチウムイオンを受け渡す性質がありますが、そのためには両者がピッタリと接触していなければなりません。有機電解液の場合は、液体ですから、電極活物質との間の接触面を考える必要はありませんでしたが、固体と固体の接触面の場合、両者がうまく接触するためには工夫が必要です。

　このためには、ガラス状の無機固体電解質を加熱してドロドロにしたとこ

ろで活物質と接触させたり、無機固体電解質と電極の活物質の固体同士を混合したものを、高圧でゴリゴリ混ぜ合わせる機械にかけて反応をさせたり（これをメカニカルミリングと言います）します。

この他にも、無機固体電解質をプラズマ状態にして活物質表面に供する方法や（PLD法）、無機固体電解質と活物質の原料を混ぜておき、そこに電流を流すことで、無機固体電解質と活物質を一気に製造することができ、しかもそれらがうまく混ざり合った状態で生産されるという方法があります。

⚡COLUMN

全固体電池の開発の実際

　全固体電池は、電極（固体）と電解質（固体）の界面をどのように形成するのかが難しいということは紹介しましたが、製造時に界面を形成することだけではなく、使用している際に界面が剥がれないということも重要です。

　電気自動車で使用すると、どうしても凸凹した道路等からの衝撃で界面が剥がれてしまい、その部分では電気化学反応が進まなくなるという可能性があります。すると、界面が剥がれてしまったところから電池性能が悪くなっていってしまいます。10年も使用する自動車ではこれは大きな問題です。

　現在までに全固体電池を使った車が10年走行しているという実績はないので、この点については、実際に10年くらい使ってみないと、全固体電池がどれほど使えるのかということはわかりません。

　このような課題はありますが、トヨタとパナソニックは合弁会社を設立して研究も行うようですし、日立造船、TDKはそれぞれ硫黄系、酸素系無機固体電解質ついて近年中に実用化する旨の発表をしています。

　その一方で、すでに現行のリチウムイオン電池で十分安全性も確認され、走行距離も十分であるという考え方もあり、実際に、現行型のリチウムイオン電池を使って電気自動車が発売されていますし、今後も新しい自動車に現行のリチウムイオン電池を使って販売がなされるという発表もされています。

　そうしてみると、もしかしたら、新しい全固体電池の開発はしなくても、現在のリチウムイオン電池をうまく使っていくだけで自動車が作れるから、自動車会社によっては、とりあえず無駄な研究開発に投資をしないという判断がされることもあるかもしれません。とは言え、自動車を電気で走らせようとする方向性が変わることはないでしょうし、そのために、より安全と言われる全固体電池の重要性も変わることはないでしょう。

半固体電池

　あまり聞きなれない用語ですが、全固体電池に対抗するような形で「半固体電池」の研究も進められています。何が半固体電池かと明確に示すことは困難ですが、比較的よく用いられる対象としては次のものが挙げられます。

　①電解液をポリマーと混合した、いわゆるポリマー電解質のもの

　正極と負極の間に、ポリエチレンオキシド（PEO）、ポリアクリロニトリル（PAN）、ポリビニリデンフルオライド（PVDF）等のポリマーを配置し、その中に通常の電解液を浸み込ませたものです。ポリマーと同時に用いることで電解液に流動性がなくなっているので、半固体電池と呼ばれます。ゲルポリマーバッテリーやリチウムポリマーバッテリーとも呼ばれます。

　②電解液に無機固体（シリカ、導電性ガラス等）を混ぜて、電解液が流動しないようにしたもの

　電解液に、シリカや無機固体電解質の導電性ガラスを混ぜて電解液の流動性をなくしたものです。シリカはとても小さな粉体となりますが、これを電解液に添加することで、電解液の流動性がなくなります。泥や粘土のように、細かい粒子が少しの水と一緒に存在すると水の流動性がなくなるというのをイメージすると、どのような状態になるかがわかりやすいでしょう。添加する無機固体は、シリカだけではなく、チタニアや導電性ガラスなども期待され、安全性とイオン伝導性を高めるための研究が行われています。

　③電解液を電極材料に練り込んだ形で電極を作り、流動する電解液を含まないもの

　京セラやマサチューセッツ工科大学からのベンチャー企業などが製造に成功したとしている方式で、それぞれの電極に電解液を練り込んで粘土のようにし、電解液の流動性をなくして、その後電池を組み立てるものです。この方式では電極を厚塗りにして製造し、正極側の電解液と負極側の電解液が混じり合わない特別なセパレータが用いられるとされています。

水系電解質を使った リチウムイオン電池

ハイドレートメルトを利用した次世代電池

現在、リチウムイオン電池は、非水系の溶媒を電解質に使っています。これには低温特性が優れるという点があったり、高い電圧の電池が得られるというメリットがありました。しかし、非水系の溶媒は、そもそもリチウムイオンを通す性質はなく、また溶媒が燃えるため、そこから始まって電池全体が燃えてしまうという危険性がありました。

そこで、**非水系ではなく水系の電解質を使おうという研究**が進められています。

水系の電解質を使えば、非水系の溶媒と違って、リチウムイオンの輸送特性が高くなるという特徴があり、これにより、一気に大きなパワーを出そうとした電池の製造がしやすくなります。現在の非水電解質では、支持塩を入れてリチウムイオンの輸送特性を上げていますが、いくら支持塩を入れてリチウムイオンの輸送特性を上げても水系の溶媒にはかないません。

また、とても大きな利点として挙げられるのが、**水系溶媒では溶媒自体が燃焼する可能性がない**ということです。したがって、とても安全な電池を製造することができます。

毎年どこかでリチウムイオン電池が燃えたというニュースが出ており、安全性の高い電池を得ようとすることは、社会的な要求にもなっています。

これまで水系のものが実用化されなかったのは、水がリチウムイオン電池の電圧に耐えられずに、電気分解してしまい、水素と酸素になってしまうという問題が挙げられます。しかし、水系の電解液では水の分解が起こらないような技術の革新が起きました。

それが「ハイドレートメルト」と呼ばれる高濃度水溶液の電解質です。これまでの電解液は非水電解質に支持塩である $LiPF_6$ や LIFSI 等を 1 mol/L 程度にして添加していました。しかし、この高濃度水溶液ではその 3 倍程

度の塩を入れています。これによって、今までは水系では不可能であった性能が発揮されることとなりました。

より安全でより高電位のリチウムイオン電池

　素晴らしい発見といっても、「単に水にたくさんの支持塩を入れただけではないか！」と思うかもしれませんが、普通はそこまで支持塩が水には溶けません。私たちが食べる食塩でも、水が少ししかなく、過剰に食塩があった場合は全てが液体にならないのと同じです。

　しかし、東大の山田淳夫教授、山田裕貴助教のグループは、2種類の塩（LiTFSl、LiBETl、どちらも、リチウムのフッ素化イミド塩）と極めて少量の水を特定の割合で混合すると、常温で液体化したハイドレートメルトになるということを発見しました。

　また、このハイドレートメルトであれば、水系の電解質であるにもかかわらず、リチウムイオン電池の電圧によって水が**加水分解しない**こともわかりました。そして、高濃度電解液を用いてリチウムイオン電池を製造したところ、**エネルギー密度が高く**（130 Wh/kg 超）、**電圧の高い**（約 2.3 〜 3.1 V）水系リチウムイオン電池の可逆作動が達成され、市販の非水系リチウムイオン電池（エネルギー密度が約 150 〜 400 Wh/kg、電圧が約 2.4 〜 3.8 V）に匹敵する性能が得られました。

　このような性質が発揮されるのは、塩に対して水の割合が極端に少ないため、全ての水が塩のリチウムイオンに配位していく、溶媒の中に水分子があるにはあるものの、すでに普通の水ではない別物になっているということがわかっています（スーパーコンピュータを使っての解析で解明しました）。ですので、高電位でも安定して、電解液としての性質を発揮できるのです。

　この発見の後、同じグループは、5V 級の電池の製造に成功したことも発表しています。

　この技術が実用化されれば、より安全でより高電位のリチウムイオン電池が登場することになるでしょう。

リチウム空気電池

　現在、多くの観点から性能が優れている電池としてリチウムイオン電池が注目されていますが、現在のリチウムイオン電池でも発揮できない性能を発揮するために、種々の電池の開発がされています。

　これらは、「**次世代電池**」「**新奇電池**」などといった名前で呼ばれており、多くの電池の名前が挙げられていますが、実用化はまだされていません。

　その中で、有力な電池として「リチウム空気電池」があります。

　リチウム空気電池は、リチウムイオン電池と同様にリチウムを用いた電気化学反応により電気を取り出しています。しかし、**正極に空気（酸素）を用いており、リチウムを酸化させることにより電気を取り出している**ことから、電池の内部で起こっている反応は大きく異なります。

　また実感できる大きな違いとしては、電池の構造が挙げられるでしょう。大まかな電池の構造としてはリチウムイオン電池や他の電池と同様であり、正極と負極の間に電解液やセパレータを配置した構造です。とは言え、リチウム「空気」電池は、空気（酸素）を正極の活物質に用いることから、正極にLCO（コバルト酸リチウム）などの材料を使わなくてよいというのが特徴になります。

　これにより、正極の容積がとても小さくなり、結果的に**より小さい電池を作ることができる**ようになります。リチウム空気電池が実用化されるとエネルギー密度が大きくなるとよく言われますが、正極の材料がない分、電池の大きさが小さくなり、小さいのにエネルギーが取り出せる電池となることから、（体積）エネルギー密度が大きくなるのです。

　また、LCOは高価なコバルトを材料に用いていますが、リチウム空気電池はその働きを空気にさせているので、電池を製造する際のコストを下げることができます。

　しかし、今のところ、電池の充放電のサイクルを繰り返すと一気に充電し

なくなってしまう（サイクル寿命が短い）ことや、充放電の際の効率が悪い（例えば、充電をする際に4Vで2時間充電しても放電するときには3Vで1時間しか放電できないとすると、充電する際の電気がロスしていると考えられます）ことが欠点として挙げられ、これらの欠点を解決するために電池反応を円滑に進める触媒の開発や、電解液により耐性を有する材料の開発等が進められています。

負極の活物質として理想的なものはリチウム金属ですが、これが実現した場合、電池内部の活物質はリチウム金属だけであるため、活物質に対する電池容量は 3860 mAh/g になり、電圧（約 2.7 V）を掛けたエネルギー密度は 10000 Wh/kg 以上にもなります。

以下に、リチウム空気電池の反応式を示しておきます。

負極：$Li \Leftrightarrow Li^+ + e^-$

正極：$O_2 + 2Li^+ + 2e^- \Leftrightarrow Li_2O_2$

全体：$2Li + O_2 \Leftrightarrow Li_2O_2$

リチウム空気電池のしくみ

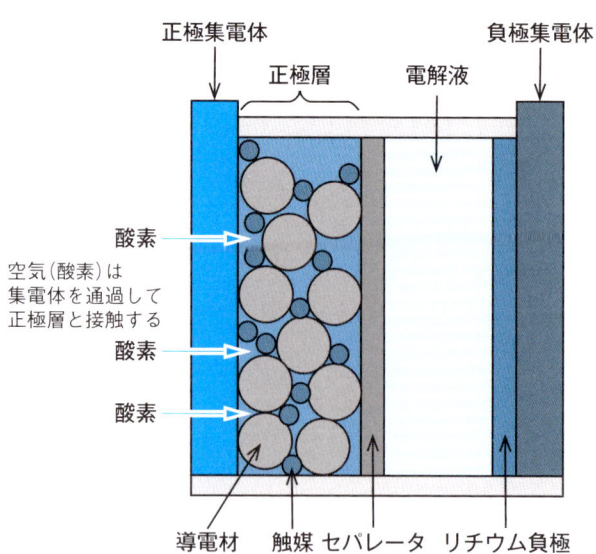

非リチウムイオン電池
――リチウムの代わりに何を「○○イオン電池」

　リチウムイオン電池に代わる、次世代電池として「非リチウムイオン電池」も注目される電池としてよく挙げられます。

　非リチウムイオン電池とは、**ナトリウムイオン電池、カリウムイオン電池、マグネシウムイオン電池、カルシウムイオン電池、アルミニウムイオン電池**等をまとめて指す用語です。

　非リチウムイオン電池の特徴としては、リチウムイオン電池ほどの性能の発揮はできないものの、コストが削減できる可能性があることです。

　ナトリウムやカリウムは、リチウムと同様にアルカリ金属に属する金属です。したがって、これらは、リチウムと同様の性質を発揮します。しかし、リチウムは、資源としてそれほど多く存在するわけではなく、南米やオーストラリアなど限られた土地でしか採取できないのに対して、ナトリウムやカリウムは様々な場所から得ることができます。ですので、リチウムに比べたら資源面での制約はなくなります。

　資源面からの制約をより少なくするために、活物質に用いられる金属についても汎用的な金属を用いるように研究が進められています。そうすることで、コスト面はもちろんより環境にも負担のかからない電池が製造できることになります。活物質として具体的には、$NaFeO_2$、$NaMnO_2$、$NaFe_{0.33}Mn_{0.33}Ni_{0.33}O_2$ 等が挙げられて研究が進められていますが、これらを見てもわかるように、高価な金属が使われていません。

　このような方向で技術が進んでいけば、たとえリチウムイオン電池ほど小型でハイパワーが出せる電池ではなくとも、利用する箇所によっては都合のいい使い方ができます。

　例えば、現在フロー電池や NAS 電池等で使われている、夜中に発電された電力を溜めておいて昼間に用いる、ピークカット用の蓄電池では、大型の電池を作るわけですので、電池一つ当たりについて、より小型でよりハイパ

ワーなものとする必要はあまりありません。何個も電池をつなげて大型の電池にして使えばよいからです。

実際に、ナトリウムの理論容量はリチウムの 1/3 で、標準電極電位はリチウムより 0.3V 低いということは知られていますが、上記のような用途であれば、電池を大きくしてもよいので、あまり問題にはならず、むしろ環境にも優しくコストも安いというメリットを生かすことができるのです。

今後は、サイクル寿命を長くし、安全性が確認できれば、ここに説明したメリットを生かして、**ナトリウムイオン電池**が普及する可能性もあります。

カリウムイオン電池は、ナトリウムイオン電池ほど研究が進んでいませんが、安価で、サイクル寿命の長い安定した物質が発見されれば一気に技術の進歩が起きる可能性はあります。

マグネシウムイオン電池、**アルミニウムイオン電池**等はイオン化したときに 2^+、3^+ という電荷を持つことから「多価イオン電池」とも呼ばれます。リチウム空気電池では充放電の際にリチウム 1 原子について 1 電子が反応に寄与しますが、多価イオン電池の場合 1 原子について 2 または 3 電子が反応に寄与するので単純に電気容量は 2 または 3 倍となります。

さらに、これらの金属はリチウム等と違って、反応性が低いため、短絡や高温化における電池の発火、爆発が起きるという危険もありません。

とはいえ、これがデメリットにもなり、マグネシウムやアルミニウムは一度他の元素と結合すると、そこから離れづらい性質（イオンの吸脱着が起きづらい）を持っているので、マグネシウムやアルミニウムを活物質に使って、何度も充放電が可能であるという物質は見つかっていません。

研究の進み具合を見ると、非リチウムイオン電池では、ナトリウムイオン電池が一歩進んでいるようですが、より安定性が高く効率の良い充放電ができる材料が発見されれば他の電池にも可能性はありますので、今後の研究の進み方を見守っていきたいところです。

CHAP.6

蓄電設備として期待される
フロー電池

大型の蓄電装置に適したレドックスフロー電池 (RFB)

すでに実用化されている大型の電池

レドックスフローという名は、レダクション（reduction: 還元）、オキシデーション（oxidation: 酸化）、それに活物質を循環するフロー（flow: 流れ）からとった合成語です。

この電池の構成は、**電解液中に活物質を溶存させ、電解液を強制的に循環させる方式の充電可能な電池**であることが特徴です。活物質は、電極として電池反応を行っている主役ですから、それが常に流動するという点では、興味深い形態を有していると言えると思います。活物質が液体であると、電極反応の抵抗が少なく．大きい電流密度における充放電時の内部抵抗が小さくなるという利点があります。

活物質を液体にしても電池ができるのか？という疑問があるかもしれませんが、実は高校等で学習する「ダニエル電池」も活物質が液体です（正極には硫酸銅溶液を用いており、正極では、この銅イオンが電子を受け取って、金属の銅になる反応が起きているので、硫酸銅溶液はダニエル電池における活物質と言えます）。

それと同じと考えれば、液体の活物質というのもそこまでおかしな話ではないと理解できると思います。

レドックスフロー電池の長所として、以下の点が挙げられます。
①出力密度が大きい
②サイクル寿命に優れる（長寿命）
③高速応答が可能
④常温での使用が可能
⑤構造が単純であり活物質水溶液のタンクを変更するだけで大型化がきる
⑥爆発の危険性がない
逆に短所としては、次のような点が挙げられます。

①ポンプを動かすためのエネルギーが必要

②水を電解液の溶媒とするため、電池として組み立てたときに水の電気分解が生じる電位が制限となる（一つのセル当たりの電圧は低くなる。何個もセルをつなげば、この問題は解消される）

③実用化されている活物質として、資源が局在化しているバナジウムを使用している

④ポンプやタンク等の設備が必要で、特に活物質にレドックス水溶液を用いているため、その分エネルギー密度は下がる

⑤充放電の際にセルスタック部は発熱するため、冷却システムを設ける必要がある

レドックスフロー電池の反応としくみ

　正極、負極、電解液としていろいろな酸化 - 還元の材料系の溶液（すでに述べましたが、これらの材料はすべて液体です）の組み合わせが検討されてきましたが、バナジウムイオン水溶液系が有望であり、現在実用化されています（バナジウムレドックスフロー電池：VRFB）。

　　　　正極：$V^{5+} + e^- \rightarrow V^{4+}$ （放電時）

　　　　負極：$V^{2+} \rightarrow V^{3+} + e^-$（放電時）

バナジウム以外のイオンとして、貯蔵可能な電気量や経済性などからクロムー鉄の組み合わせ等も検討されています。

　　　　正極：$Fe^{3+} + e^- \rightarrow Fe^{2+}$ （放電時）

　　　　負極：$Cr^{2+} \rightarrow Cr^{3+} + e^-$（放電時）

　とは言え、バナジウム系のエネルギー密度は、鉄ークロム系のものの2倍程度あり、また、バナジウム系は正極、負極ともにバナジウムイオンを用いることから、バナジウムイオンがイオン交換膜を通過してしまっても（レドックスフロー電池のイオン交換膜は、本来は H^+ イオンのみが通過するはずですが、それ以外のイオンも少しだけですが通してしまうことがあります）、反対の極の活物質として利用できます。

　電池の充放電のしくみですが、水溶液が電池内を循環する際にイオン価数

が変化することで充放電が行われます。これは、電解液中のバナジウムの価数変化のみによる完全な可逆反応のため、原理的には**充放電を繰り返しても劣化せず、サイクル寿命は長くなる**はずです。実際にサイクル寿命は 1 万回以上と長く 10 年以上利用できるとされています。

　また、レドックスフロー電池の欠点でも触れましたが、単セルでの電圧は、1.4V と低いため、十分な電圧を得るために単セルを 100 枚程度積層したセルスタックにして実用化しています。そして、正極側と負極側の電解液は、セルスタックと分離できるので、設置スペースに合わせた形状のタンクに溜め、ポンプでセルスタック部へ供給します。

　レドックスフロー電池は構造が単純で大型化に適していることから、大型の電力貯蔵装置として、太陽発電や風力発電等の発電量が環境に左右され一定でない発電装置の発電力均等化、その他の発電プラントからのピークカットの用途で使用するのに適しています。

　住友電気工業株式会社は実用化に成功しており、大容量の蓄電池として、発電所や太陽電池から発生した電気を蓄電しています。

レドックスフロー電池のしくみ

充電用電源　負荷電源
充電　　**放電**
※充電は実線で示す　放電は破線で示す

PCS(Power Conditioning System)
直流 / 交流交換システム

正極セル　負極セル
正極電解液タンク　　負極電解液タンク

V^{5+}
Mn^{3+}
H^+
V^{2+}
Cr^{2+}

V^{5+}/V^{4+}
Mn^{2+}/Mn^{3+}

e^-

V^{4+}
Mn^{2+}
V^{3+}
Cr^{3+}

e^-

V^{2+}/V^{3+}
Cr^{2+}/Cr^{3+}

ポンプ　正極　負極　ポンプ
セパレータ

電力貯蔵用として再び注目される亜鉛 – 臭素電池

　レドックスフロー電池の一種として、負極に亜鉛、正極に塩素や臭素のハロゲン、電解液に臭化亜鉛の水溶液に臭素錯化剤としてのテトラアルキルアンモニウムを加えたものを用いる電池が知られおり、「亜鉛 – 臭素電池」と呼ばれています。

（化学式）

　　　　正極：$Br_2 + 2e^- \rightarrow 2Br^-$　　　（放電時）

　　　　負極：$Zn \rightarrow Zn^{2+} + 2e^-$　　　（放電時）

　この電池の放電のしくみは、負極の亜鉛が溶け出していくことで電気を取り出し、正極では、活物質の臭素分子が臭素イオンになることで、亜鉛からの電子を受け取るというしくみになっています。

　充電時には、溶け出した亜鉛イオンは電極上に析出して（つまり、金属の亜鉛の状態に戻ります）電池の中に蓄えられますが、一方で、正極の集電体（黒鉛）上で発生する活物質の臭素は、電池系外に蓄えられます（臭素は充電時には油状のテトラアルキルアンモニウムと反応させ、臭素錯体（R_4NBr_x）として蓄えられ、放電時には多臭化物は分解し電池へ Br^- を供給します）。

　実は、負極に亜鉛、正極に臭素、電解質に臭化亜鉛溶液を用いる二次電池は、1870 〜 1871 年の普仏戦争で照明用に使われたほど古い歴史のある電池ですが、このシステム特有の 2 つの欠点で、その後は実用化には至りませんでした。

　その欠点はまず、亜鉛のデンドライトができて、**電池内部でショートする**ことです。さらに、充電をすると臭素が発生しますが、濃度が上がってくると臭素が負極側に拡散して亜鉛電極と直接接触してしまい、亜鉛を溶解する（$ZnBr_2$ を生成する）という**自己放電反応を引き起こす**ことです。

　研究が進められて、この電池に適した高分子セパレータが開発されたり、

電解液中の臭素を油状化して保存する方法が考案されたので、電力貯蔵用電池として、再び注目されるようになりました。これにより、一時期は、電気自動車用の電池としても試みられましたが（ムーンライト計画、1980年代）現在は断念されています。

　亜鉛－臭素電池は、レドックスフロー電池と同様に電池反応が起きる電池本体部分と、負極及び正極の電解液を貯蔵する電解液貯槽、電解液を循環するポンプ、それに配管系で構成する電解液循環型電池になっています。

　電池電圧は、1.82Vで理論上のエネルギー密度430Wh/kgと高いですが、臭素錯化合物の生成や、電槽、電解液ポンプなどにエネルギーを使うため、実際には、これより低い値となります。

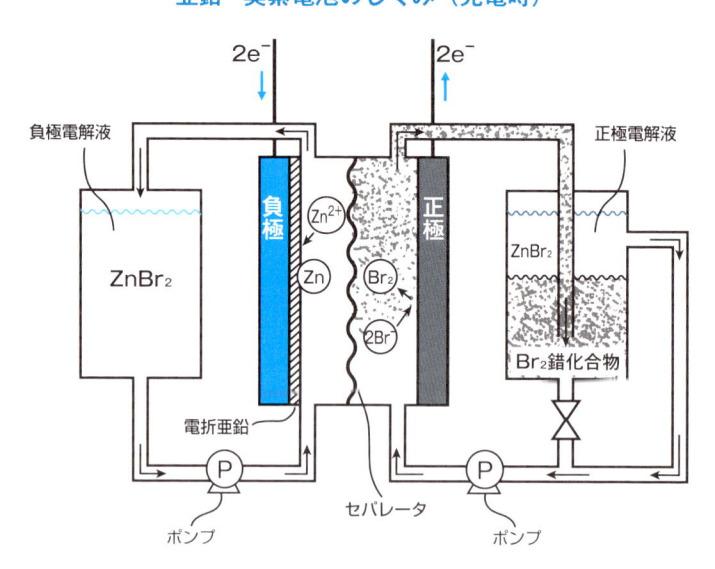

亜鉛 - 臭素電池のしくみ（充電時）

資源的制約のないナトリウム硫黄電池（NAS 電池）

ナトリウム硫黄電池の特徴

　負極にナトリウム（Na）、正極に硫黄（S）を使う電池で、そのまま「ナトリウム硫黄電池」と呼ばれています。電池では、電極の間には電解質やセパレータが配置されますが、ナトリウムと硫黄の間には、電解質となる β アルミナ等のファインセラミックスを配しています。レドックスフロー電池と同様に、電解質には固体を、電極には液体を用いています。

　ナトリウム硫黄電池は、両電極が液体で電解質が固体になっていますが、ナトリウムや硫黄を液体にするために、電池を動かす際には高温状態に保ちます。また、ナトリウム硫黄電池の名称は、ナトリウムの Na と硫黄の S から NAS（ナス）電池と呼ばれることも多いですが、NAS は日本ガイシ株式会社の登録商標となっています。

　NAS 電池は、1960 年代にアメリカにおいてフォードが電気自動車の動力源とするべく開発を始めたのが始まりだと言われています。その後、1980 年代になって当時日本の通商産業省が、「ムーンライト計画」の一部として、NAS 電池の研究開発に資金面の手当てをしました。

　その後も開発が続けられ、世界で初めて NAS 電池の実用化に成功したのが日本ガイシ株式会社で、2003 年からは日本ガイシ株式会社と東京電力と共同開発により量産化をしています。

　NAS 電池は、**鉛蓄電池の約 3 倍の高いエネルギー密度**を持っており、電池の体積を小さくすることができ、容量も大きな電池とすることができます。また、**メモリー効果がない**といった特徴も有しています。さらに、**自己放電も少なく**、4,500 サイクル（電池の全容量を充放電して 1 サイクル）、**15 年程度間使用できる**とされています。

　さらに、電池材料について見ると、負極はナトリウムで、正極も硫黄であることから、希少金属（レアメタル）などの資源が枯渇しそうな原料を使用

していないため、**資源面からの制約もありません**（例えばリチウムイオン電池では、コバルト等の希少金属を使っていますし、レドックスフロー電池でもバナジウムを用いています）。

デメリットとしては、起電力が放電反応の進行とともに 2.07V から 1.74V 程度に変化します。しかし、それでもレドックスフロー電池よりは電位は高い状態が保てます。

また、電池を使用する際に電極は液体状態となっていますが、その材料であるナトリウム、硫黄、さらに放電時に生成される多硫化ナトリウムを溶融させておくため、電池を動かすには 300℃程度に過熱する必要があります。しかし、電池が動き始めたら普通はこの温度を保つために外部から加熱する必要はなく、充放電に伴う内部の電気抵抗による発熱を利用して保温することで電池を動かすことができます。

ナトリウム硫黄電池の形状

すでに説明したとおり、NAS 電池は高温で作動します。そして、この状態を保つためにいくつもの単電池を断熱容器に収納しています。

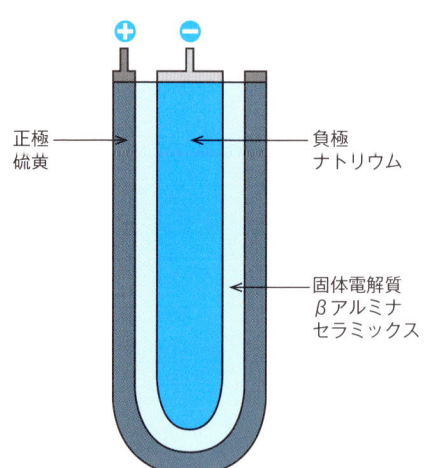

ナトリウム硫黄電池（単電池）

＋　－

正極
硫黄

負極
ナトリウム

固体電解質
βアルミナ
セラミックス

これにより、電池の放電に伴い発熱をしますが、その熱を利用して、ナトリウムや硫黄を溶融状態に保持できるようになっています。

また電池の反応式は下記のとおりです。

負極：

$$Na \rightarrow Na^+ + e^- （放電時）$$

正極：

$$5S + 2Na^+ + 2e^- \rightarrow Na_2S_5$$
$$（放電時）$$

ナトリウム硫黄電池の単電池の構造は、硫黄とナトリウムとが電解質

であるファインセラミックス（壺のようなもの）によって隔てられています。また、硫黄の外側は、硫黄による腐食を防いだ加工がなされたアルミ等の正極容器になっています。

　この単電池をいくつもつないで断熱容器に入れてモジュール電池とします。そしてこのモジュール電池をたくさんつなぐことで大型の電力貯蔵システムとしています。

ナトリウム硫黄電池（モジュール）

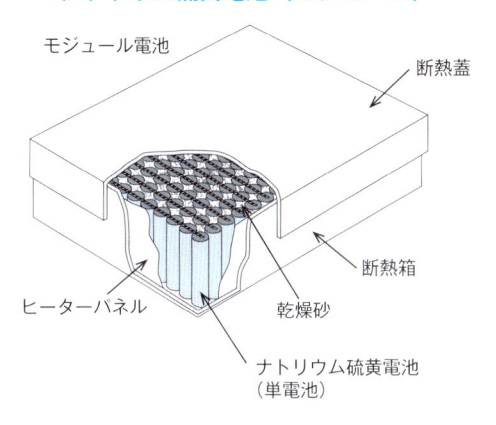

モジュール電池　　断熱蓋　断熱箱　ヒーターパネル　乾燥砂　ナトリウム硫黄電池（単電池）

ナトリウム硫黄電池（システム）

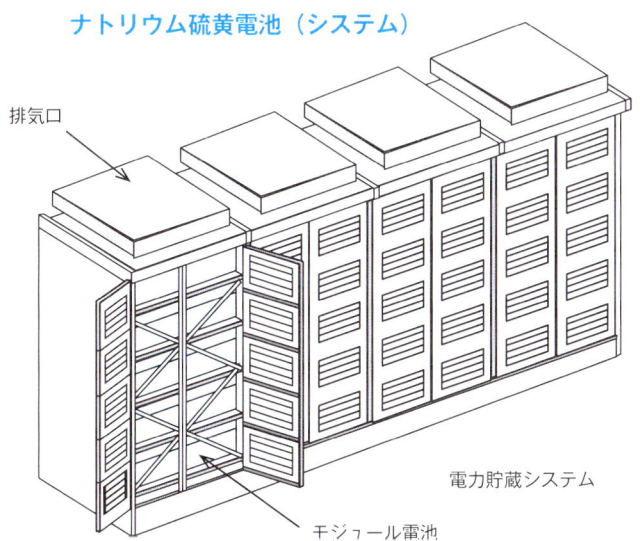

排気口　電力貯蔵システム　モジュール電池

レドックスフロー電池、ＮＡＳ電池の応用分野

　レドックスフロー電池は、構造が単純で大型化に適していることから、大型の電力貯蔵装置として、使用するのに適しています。

　ナトリウム硫黄電池（NAS 電池）も、単電池をいくつもつなげて大型化しやすいという特徴を持っています。

　これらの性質を利用して、レドックスフロー電池やナトリウム硫黄電池は大型の蓄電装置にされ、実用化されています。今後は、蓄電池を使って電力需要が少ない夜間に充電し、昼間のピーク時に放電（**ピークカット**）することで、電力負荷の平準化を図る用途、太陽光や風力など気象条件に影響される**再生可能エネルギーからの電力を蓄電**しておく用途で、ますますレドックスフロー電池や NAS 電池は活躍することが期待されます。

レドックスフロー電池の活用例

　レドックスフロー電池が実際に用いられた例として、住友電気工業が南早来（みなみはやきた）変電所 (北海道電力：勇払郡）で始めた大型蓄電池システムが挙げられます。

　この電池は、容量が 60MWh で世界最大級のレドックスフロー電池であり、また、近くに太陽電池による発電所が設けられていますので、特徴である大きな容量を太陽電池と併せて用いることで、電力負荷の平準化をすることが意図されています。

　レドックスフロー電池は、容量を大きくすることが容易にできるということは説明した通りですが、この電池もとても大きく、電池が入っている建屋の設置面積は約 5,000m^2 にもなり、オリンピックなどで用いるサッカーコートより少し小さいくらいの面積に相当し、２階建ての構造となっています。

　また、アメリカ・カリフォルニア州では、2030 年までに再生可能エネルギーの割合を 50％にする計画がされており、太陽光発電等の自然エネルギーを利用した発電が盛んに行われていますが、太陽光発電等は天候や昼夜の発電条件の差の影響を受けやすく、プラントからの電力に比べると電力の品質に問題が見られます。そこで、蓄電技術を利用して電力品質を維持するために、カリフォルニア州のサンディエゴでは、レドックスフロー電池の導入がなされました。

　この電池は、容量が 8MWh で南早来にあるものよりは容量的には小さいものですが、アメリカ国内の電力卸売市場に接続した初めてのレドックスフロー電池になるということで、今後のレドックスフロー電池の普及かを占う上で、とても注目されます。

ナトリウム硫黄電池（NAS 電池）の活用例

　ナトリウム硫黄電池は、レドックスフロー電池よりも多数の導入事例があります。日本ガイシが実用化させたナトリウム硫黄電池ですが、日本だけでなく、アメリカ、ドイツ、イタリア、アラブ首長国連邦等の複数の国で実用化されており、合計 4000MWh（国内 2800MWh）で 200 カ所以上の稼働実績があります。

　海外では、例えばドイツでナトリウム硫黄電池を用いたハイブリッド蓄電システムが 2018 年 11 月より稼働しています。このシステムは、ナトリウム硫黄電池とリチウムイオン電池の 2 種類の電池から構成されており、容量も大きいですが、出力も高く、電力需給バランスの調整をより効率よく実現することができます。ドイツでは、2050 年までに国内電力需要の 80％以上を再生可能エネルギーにする計画がされており、自然エネルギーを用いた発電が盛んですが、発電所からの電力を安定的に供給することはやはり課題であり、そのためのシステムとしての期待がされています。

　同様のシステムは日本では少し早く導入されており、2015 年から島根県隠岐諸島で、ナトリウム硫黄電池とリチウムイオン電池とを組み合わせて、再生可能エネルギーの接続可能量拡大と、そのための蓄電池の効率的な充放

電管理・制御手法に関する技術実証が行われました。

　また、千葉県柏市では、つくばエクスプレス「柏の葉キャンパス」駅を中心に開発されたエリアで、環境共生・健康長寿・新産業創造を目指した「柏の葉スマートシティ」に太陽光発電などの分散電源エネルギー調整用にフロー電池が採用されました。ここでは 2015 年より NAS 電池（1.8MW/12.96MWh）が導入され、商業施設エリアとホテル・オフィスエリアの平日と休日で電力需要の異なるエリア間での電力融通を行い、地域レベルでピークカットも目指しています。

　さらに、ピークカットだけではなく、災害時にはライフラインを守るための電源としても役立ちます。瞬時電圧低下対策としての電源としても NAS 電池は用いられています。

　例えば、夜間に行われるボートレース場はナイター設備がありますが、何らかの原因で停電が起きたら、水の上を高速で走っているボートは非常に危険です。こういったときにでも明かりをつけていられるように、長崎県や福岡県のボートレース場で夜間の照明設備に利用するための電源としてナトリウム硫黄電池が採用されています。さらに、瞬時電圧低下対策用の電源として、下水道処理場や、医療用医薬品、自動車の工場、研究所等でもナトリウム硫黄電池は用いられています。

CHAP.7

発電装置とも言える
燃料電池

燃料電池とは
——水の電気分解とは逆の原理

　いよいよ化学電池で最後に紹介する電池です。

　水は化学式で H_2O と表し、電気分解をすると、水素（H_2）と酸素（O_2）に分解されるということを、理科の授業で習ったことを覚えている人も多いと思います。これは水に電気エネルギーを与えて水素と酸素にしているのですが、これを文字の式で表すと、

　　水 + 電気エネルギー　→　水素 + 酸素

となります。燃料電池は、これを逆に進めて電気を取り出しています。ということは、水素と酸素を反応させることで、水と電気エネルギーを取り出しています。上のように文字の式で表すと、

　　水素 + 酸素　→　水 + 電気エネルギー

と書くことができます。こうして見ると、水素と酸素から電気のエネルギーが取り出せるのが感覚的には理解できると思います。

　ところで、水素は普通に酸素と反応させると、爆発を起こすこともよく知られています。爆発をしてしまっては他の形としてエネルギーが放出されるので、電気を取り出すことはできません。ですから、燃料電池は爆発させない仕掛けを使って水素と酸素を反応させることで、電気エネルギーを取り出しているのです。

　燃料電池の特徴の一つとして挙げられるのは、上の式からもわかるとおり、

①**水素と酸素の反応で「発電」し、**

②**発電の際に排出されるのは、「電気」と「水」である**

という点です。

　①について、「発電」と書いたのはちょっと意味があります。上記の式を見ると、電気を取り出すのに水素を用いています。

　つまり、燃料電池から電気を取り出し続けるためには、火力発電所で石油を燃やして電気を取り出すように、電池に水素を送り続けないといけません。

外部から燃料に相当する「水素」を送り続けなければ電気が取り出せないというのは、これまでに紹介した、マンガン電池やリチウムイオン電池とは明らかに異なる特徴です。電気化学的な反応は行っているのですが、水素を供給し続けないと電気を取り出せないということから、むしろ「発電装置」というほうがしっくりくるとも言えます。

　そこで、燃料電池では「発電」をしていると表したのです。

　また②について、燃料電池は、電気の他に出されるのは水だけです。したがって、とても環境にやさしいというのが燃料電池の特徴となっています。

　また、発電装置としての燃料電池の利点はこれだけではなく、燃料電池は電気化学的な反応を利用した発電をしているため、火力発電のような大きな機械仕掛けが必要なく、騒音が出ないという点も大きな特徴です。

　さらに、燃料電池は、発電をする際の発熱を回収すると発電効率は非常に高くなります。実際の発電効率は計算できる理論値ほどの高い値にはなりませんが、損失群の排熱を有効利用しやすいシステムのため **90% 以上もの総合エネルギー効率が得られます**（後に説明するエネファームを参照）。

燃料電池発電のしくみの一例

$2H_2 + O_2$
↓
$2H_2O +$ 電気エネルギー

電子
空気極
天然ガスなどから
水素
H_2
水素イオン
空気中から
酸素
O_2
燃料極
電解質
水
H_2O

水の電気分解とは逆の原理

水素を供給して水を生成しながら発電する燃料電池の種類

　燃料電池と呼ばれる電池には、実際には何種類もの電池があります。単純に水素を供給することで水を生成しながら発電をする装置を燃料電池と呼ぶとすると、そのような電池は、次に示すように5種類に分けられます。

①リン酸型（1889年にイギリスのエルモンドとプランジャーにより開発されたタイプ）

②固体酸化物型（1899年にドイツのネルンストにより開発されたタイプ）

③溶融炭酸塩型（1921年ドイツのパウルにより開発されたタイプ）

④アルカリ型（1950年イギリスのベーコンにより開発されたタイプ）

⑤固体高分子型（1953年からアメリカのゼネラルエレクトリック社により開発されたタイプ）

　これらの性質を簡単に表に示すと下記のとおりとなります。

分類	低温型			高温型	
種類	アルカリ型	固体高分子型	リン酸型	溶融炭酸塩型	固体酸化物型
略称	AFC	PEFC	PAFC	MCFC	SOFC
電解質	水酸化カリウム	イオン交換膜	リン酸型	炭酸リチウム、炭酸ナトリウム	安定化ジルコニア
酸・アルカリ	アルカリ性	酸性		アルカリ性	
イオン導電	水酸化物イオン	水素イオン		炭酸イオン	酸素イオン
移動の方向	空気極→燃料極	燃料極→空気極		空気極→燃料極	
作動温度	20〜150℃	80〜100℃	190〜200℃	600〜700℃	800〜1000℃
触媒	ニッケル・銀系	白金		不要	
燃料極の反応	$H_2+2OH^-{\rightarrow}2H_2O+2e^-$	$H_2{\rightarrow}2H^++2e^-$		$H_2+CO_3^{2-}{\rightarrow}H_2O+CO_2+2e^-$	$H_2+O^{2-}{\rightarrow}H_2O+2e^-$
空気極の反応	$1/2O_2+H_2O+2e^-{\rightarrow}2OH^-$	$1/2O_2+2H^++2e^-{\rightarrow}H_2O$		$1/2O_2+CO_2+2e^-{\rightarrow}CO_3^{2-}$	$1/2O_2+2e^-{\rightarrow}O^{2-}$
全体の反応	$H_2+1/2O_2{\rightarrow}H_2O$				
燃料	水素			水素（一酸化炭素）	
原燃料	純水素	天然ガス、LPG、メタノール、ナフサ、灯油			
発電効率	40〜50%	30〜40%	40〜45%	50〜65%	50〜65%
適用用途	宇宙用	携帯、家庭用	業務用、工業用	工業用、発電所用	家庭用、自動車用

　固体高分子型（PEFC）と固体酸化物型（SOFC）の発電のしくみについては、詳細は追って説明しますが、ここで燃料電池全体の発電のしくみについて概略的に紹介します。

燃料電池の発電の基本

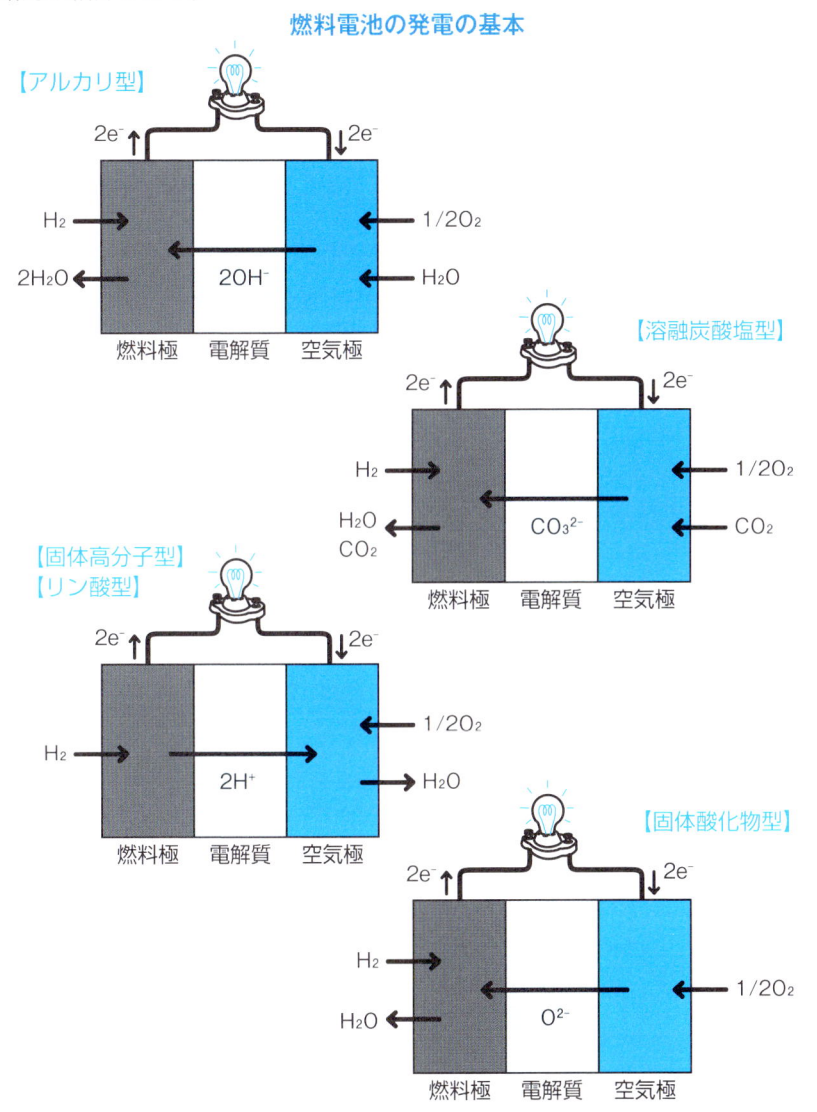

燃料電池開発の歴史

　燃料電池の原理は英国のハンフリー・デービー卿が 1800 年代を少し過ぎたころに発見したと言われています。しかし、これは、電池の原理を発見したとまでは言いづらく、実際に燃料電池として使えそうな装置を提供したのは、英国のウィリアムグローブ卿で、グローブ卿は**グローブ型燃料電池の父**と呼ばれています。1839 年にグローブ卿が初めて行った実験は、水素で満たした管と酸素で満たした管に白金電極を差し込んで、電解質には希硫酸を用いた電池が記載されています。

　その 50 年後、1889 年に燃料電池（fuel cell）という用語を初めて使ったルドウィッグ・モンドとカール・レンジャーにより、燃料電池で発電したデーターの記録が発表され、これに関連した特許も取得されています（米国特許 409365 号）。

　さらに 50 年経った 1939 年、英国のフランシス・ベーコンがアルカリ溶液を電解質に使った初めての**アルカリ型燃料電池**の開発に成功しました。ベーコンは、これを改良して、1952 年に米国特許を取得しています（米国特許 667298 号）。

　アルカリ型の燃料電池は、それまでにあった腐食性の強い酸性の電解質ではなく、比較的腐食性の低いアルカリ電解液を使い、また電極の触媒には価格の安いニッケルを使っている点に特徴のある燃料電池です。

　その後、ジェットエンジン等で有名な米国のプラットアンドホイットニー（P&W）社はこの特許のライセンスを取得し、さらに研究が進められます。

　その頃 NASA ではアポロ計画が進められていて、この計画で使う宇宙船の電源に P&W が開発したアルカリ型燃料電池が採用されることとなりました。燃料電池の発電時に生成する水は宇宙飛行士の飲み水として利用されました。その後、NASA により 1981 年から 2011 年に行われたスペースシャトル計画でも電源にアルカリ型燃料電池が使われました。

　また、1953 年から、ゼネラルエレクトリック社により固体高分子型の燃料電池が開発されました。これは、アポロ計画と同じような時期に始まったジェミニ計画で、Gemini 5 号により、アルカリ型燃料電池より先に、宇宙船の電源として初めて採用された燃料電池となりました。

　ただし、このときに用いられた固体高分子の膜はまだ十分な耐久性はなく、電極にも白金を使うため、電池としてとても高価なものとなり、その後のアポロ計画では上に説明したようにアルカリ型の燃料電池が採用されるようになりました。

　このように、アルカリ型と固体高分子型の燃料電池は、宇宙開発の場で互いに技術力を高めあって成長しました。

　宇宙用の燃料電池の開発が進められてきた一方で、1960 年代には電解質にリン酸を使ったリン酸型燃料電池の開発が本格化しました。その発端は1967 年に米国で始まったターゲット計画です。天然ガスの用途を拡大することを目的として米国内の主要ガス会社が参画し、天然ガスの改質によって得られる水素を燃料としたリン酸型燃料電池の開発が始まりました。

燃料電池の発明と応用の歴史

燃料電池の型	原型の発明年と研究者	その後の注目される応用事例
リン酸型 PAFC	1889　L・モンド及び 　　　　ランジャー（英）	1967 年からの TARGET 計画により、ガス会社を中心に開発が進んだ。
固体酸化物型 SOFC	1899　ネルンスト（独）	新しいタイプのエネファームが採用する燃料電池。
溶融炭酸塩型 MCFC	1921　パウル（独）	
アルカリ型 AFC	1952　ベーコン（英）	ベーコン電池と呼ばれる特許を取得。1968 年アポロ 7 号に採用。その後、1969 年に人類初の月面歩行に成功したアポロ 11 号に採用された。
固体高分子型 PEFC	1953　GE 社（米）	1965 年に打ち上げられた Gemini 5 号には宇宙船の電源として初めて燃料電池が採用された。

燃料電池の発電のしくみ

PEFC（固体高分子型）と SOFC（固体酸化物型）

　ここでは5種類の燃料電池のタイプの中から、電気自動車や家庭用燃料電池等で用いられている2つのタイプの燃料電池について、発電のしくみを紹介します。すでに前ページの表では簡単に示していますが、同じ燃料電池でも発電のしくみが少し異なります。

　PEFC の発電のしくみは図のようになっています。水素が固体高分子（電解質）の中を通って燃料極から空気極に進んでいきます。

PEFC（固体高分子型）の発電のしくみ

①燃料極で、水素（H_2）を触媒の作用により水素イオン（H^+）と電子（e^-）に分離します。
②分離された電子は、外部回路を通って空気極に流れます（電流となります）。
③水素イオン（H^+）が固体高分子極を通って空気極に流れます。
④空気極で、水素イオンと電子は触媒の作用により反応して、水（H_2O）となり排出されます。

　次に、SOFC の発電のしくみは次ページの図のようになっています。酸素がセラミックス膜（電解質）の中を通って、空気極から燃料極に進んでい

きます。

　セラミックス膜は、酸素イオン導電性酸化物とも呼ばれる固体の酸化物です。電解質が液体でなく固体なので、発電装置の構成がよりシンプルになります。しかし、このセラミックス膜は高温下でないと酸素イオンの伝導性を示さないので、SOFCを動かすためには高温の環境が必要になります。

SOFC（固体酸化物型）の発電のしくみ

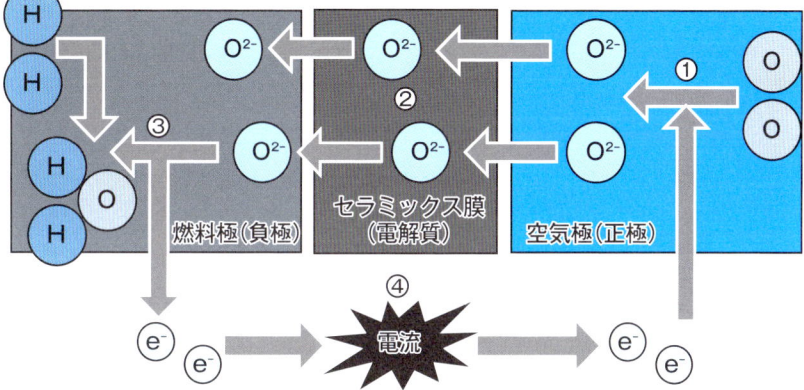

①空気極で酸素（O_2）は電極で電子（e）を受け取り、酸素イオン（O^{2+}）になります。
②酸素イオンは電解質中を移動していき、燃料極に向かいます。
③燃料極で酸素は電子を放すとともに水素（H_2）と反応して水（H_2O）となり排出されます。
④放された電子は、外部回路を通って空気極に流れます（電流となります）。

PEFCの長所と短所

①低温作動
②起動時間が比較的短い
③高分子材料のため、部品成型が容易でコストがかからない
④SOFCに比べて低効率（水素燃料で45〜55%）
⑤オーバーヒートに注意が必要
⑥水素燃料を使うため、インフラが問題（都市ガスからの水素生成には別
　途改質機が必要。また燃料電池車向けには、水素ステーションが必要）
⑦白金触媒が高価

SOFC の長所と短所

① PEFC に比べて高効率（天然ガス＋ハイブリッド発電で 55 〜 65%）

②廃棄熱を利用してタービン発電（ハイブリッド発電）や給湯も可能

③都市ガスも利用可能（セルの排熱を利用した改質）で、現在のインフラをそのまま使える

④白金触媒不要

⑤高温作動。ヒートサイクルの性能劣化

⑥部品材料がセラミックか材料が限られるため高価。デザインもある程度限られる

⑦起動時間が比較的長い

すでに電気自動車は実用化されている？

燃料電池の自動車は、一般的な自動車に適用されている例としてみると、まだ車種が少なく、あまり注目されていないかもしれません。しかし、燃料電池車もかなり有力で、特にバスやトラック等の比較的パワーや長距離走行が求められる用途にはむしろ適しています。

そうすると、ユーザーがうまく使い分けて、日常的に用いる短距離の用途ではリチウムイオン電池を使った電気自動車を使って、商業的な用途や、遠出するための長距離の用途では燃料電池の電気自動車を用いるようにするだけで、実はすでに相当部分を電気自動車に置き換えることが実現できるところまで来ています。

また、燃料電池は人型の発電機を必要とせず、水素さえあれば発電できるので、一般家庭の電気の供給源としやすいですし、さらに、各家庭で個別に発電できるので、災害時の大規模停電等にも強いと考えられます。

問題は、水素の供給体制と言えますが、東京オリンピックの選手村跡地に建設されるマンション、商業施設群では、水素をパイプラインで供給し、その先に水素電池の技術を用いることで、自動車や各街区の電気、熱のエネルギー源とすることが予定されています。

燃料電池がいよいよその強みを生かして大規模に実用化されつつあるということが実感でき、今後どう発展していくのか非常に楽しみです。

応用分野（燃料電池車、エネファーム）

電気自動車（EV）よりも長距離向きでパワーも出る燃料電池車（FCV）

燃料電池が身近で用いられている例として目にしやすいのは、燃料電池車（FCV）だと思います。これは、ガソリンではなく、燃料電池を動力源に使って自動車を動かしているもので、ガソリン車と違って、空気中には水が排出されるだけなので、環境にとてもやさしい車として、今後普及が進められることが期待されています。

燃料電池車はいわゆる電気自動車（EV）と似ているところもありますが、違っているところも少なくありません。この二つの自動車について次ページに簡単に表にまとめてみます。

燃料電池車も電気自動車も電気を使ってモーターを動かしているので、エンジン音が出ることはなく、エンジンからの二酸化炭素や他の環境に対して負荷のかかる物質が出ることはありません。

しかし、大きく異なるのは**燃料電池車は電気自動車に比べて長い距離走れるということと、大きなパワーを出せるということ**です。燃料電池車であれば、1回水素を満タンに充填すると 600㎞程度は簡単に走行することができますが、電気自動車では、リチウムイオン電池が改良されているとは言え、そこまでの長距離を走行することは容易ではありません。

また、燃料電池車はエネルギーを充填する際に水素を充填するのですが、これに必要な時間が 5 分程度と、現在の自動車とそれほど変わらないのが特徴です。一方で電気自動車は高速充電をしても 30 分程度はかかってしまうでしょうし、そもそも高速充電をすると電池に負荷がかかることから、高速充電自体好ましい充電方法ではないという点があります。

とは言え、燃料電池車に充填する水素はとても危険な物質で、爆発しやすく、爆発をすると車に乗っている人だけではなく、その周囲の人も危険です。また、水素を充填するための水素ステーションにも特別な注意が必要です。

このことから、電気自動車に水素を乗せるためのタンクや、水素ステーションのタンクを作るのにはコストがかかり、燃料電池車自体、また水素を供給する水素ステーションを爆発的に普及させるのは、簡単であるとは言えません。

燃料電池車とEVの比較

	燃料電池車	EV
共 通	モーターを使い、電気を駆動力としている。	
共 通	走行時に二酸化炭素の排出がない。	
共 通	静音性が高い。	
共 通	ガソリンが要らない。	
相 違 (エネルギーの充填)	水素の充填	電気の充電
相 違(出力)	出力高い	出力低い
相 違(容量)	走行距離長い	走行距離短い
エネルギー密度	水素は他のエネルギーと比べてもかなりのエネルギー密度があります。重量あたりのエネルギー密度はガソリン以上で、体積あたりのエネルギー密度は 70MPa(燃料電池車のタンク圧力)に圧縮された場合はリチウムイオン電池の7倍以上と言われています。 ただし、水素は重たい高圧タンクに充填されるので実際の重量比は高圧タンクの重さに依存します。高圧タンクが薄ければ薄いほど、軽ければ軽いほどたくさんのエネルギーを充填できるということです。	
利 点	電気自動車より走行距離とパワーがある。	本体と電気が安価。
利 点	ガソリン車と変わらない素早く簡単な充填。	充電場所を選ばない。
欠 点	水素ステーションが少ない。	走行距離が短い。
欠 点	本体と水素が高価。	充電に時間がかかる。
欠 点	水素漏れが爆発事故に繋がる可能性がある。	低温時に出力が落ちる。

　ガソリン等のエンジンを使った自動車が環境に負荷をかけていることは事実で、今後は他の動力を使った自動車に徐々に置き換えられていくはずですが、上に書いた理由から、燃料電池車の得意な部分を生かそうとすると、長距離トラックやバスのような自動車に燃料電池車を使い、街中を動き回るのには電気自動車を使うのが効率的と考えられ、しばらくはそのような住み分

けがされつつもそれぞれの技術が発展していくと言えるでしょう。

排熱も利用する家庭用燃料電池（エネファーム）

　エネファームは、「家庭用燃料電池コージェネレーションシステム」のことです。コージェネレーションシステム（cogeneration system）と言うだけあって、電池からの電気だけでなく、発電の際に発生する熱の利用もできるシステムとなっています（熱に関しては、水に熱を加えて、お湯を得るという方法で熱を利用しています）。燃料電池の燃料として水素が必要ですが、これは、都市ガスまたは LP ガスを利用し、それらから水素取り出して燃料としています。

　家庭で電気を作って、そのときの排熱を利用してお湯を得ることもできるので、全体としてのエネルギー効率も高く、とてもエコな装置です。

　ところで、燃料電池には様々な種類があることを紹介しましたが、エネファームに用いられている燃料電池は、PEFC（固体高分子型）と SOFC（固体酸化物型）の 2 種類です。PEFC は発電効率が比較的低い一方、排熱回収効率が高く、起動停止が比較的容易で、SOFC は本体の小型化が可能な上発電効率が比較的高い一方、排熱回収効率が低いとされています。

　以下に、エネファームのメリット、デメリットを箇条書きで示します。

　①電気を得ると同時に排熱も利用できるのでエネルギー効率が高くエコである

　②燃料電池での発電なので、一般の発電機のように、発電時に騒音を出さない

　③屋根につける太陽電池と異なり、マンションでも個別にシステムを設置できる

　④エネファームを設置した住宅で発電を行うため、送電ロスがほとんど存在しない

　⑤国等の補助金があり、燃料として使用するガスにも優待料金がある

　次にデメリットをご紹介します。

①停電時には自立運転が不可能な（停電すると使えない）ものもある

②補助金制度は用意されているものの、製品価格が高く、太陽光発電と異なり、発電した電力を電力会社へ売電することができない

燃料電池のセルとセルスタック

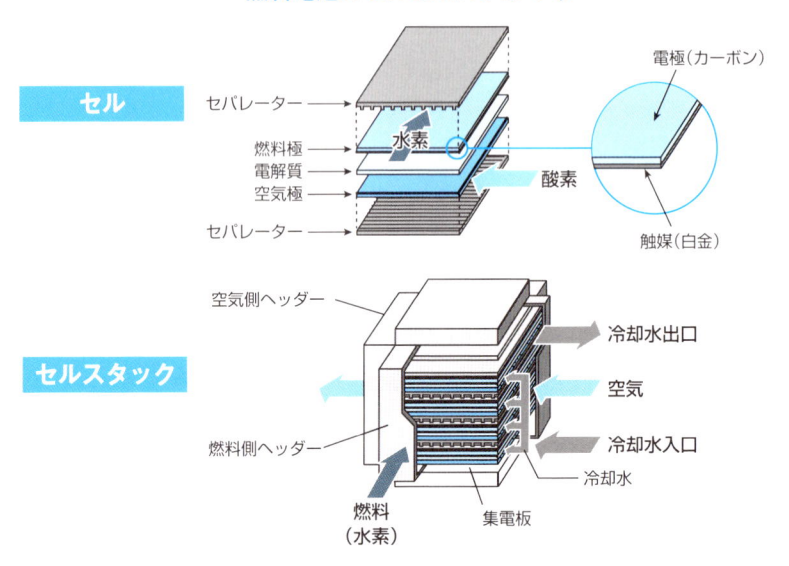

エネファーム（家庭用燃料電池）のしくみ

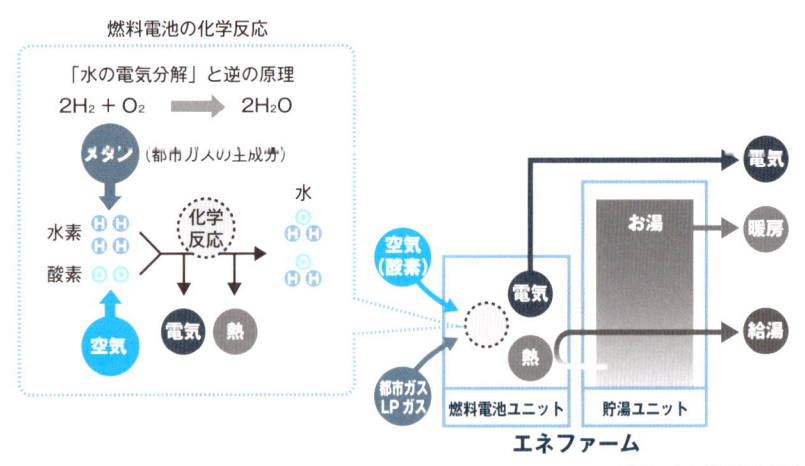

（参照：日本ガス協会 HP）

太陽電池、そして原子力電池
──物理電池

物理電池の代表格——太陽電池

光エネルギーを直接電気エネルギーに変換

太陽電池とは光のエネルギーを直接電気エネルギーに変換している装置です。「太陽電池」という名前から、これまで説明してきた「電池」のようなものかと感じるかもしれませんが、太陽電池は、光が当たっていれば電気を取り出すことができ、光が当たらなくなると電気を取り出すことができません（これは、太陽電池で動く電卓を使ったことがある人であれば、何となく感じ取っていたことでしょう）。とすると、太陽電池は電気を蓄えていて、それを必要なときに使用できるものというよりも、**太陽などの光が当たっているときに電気を取り出せる装置**と言った方がいいかもしれません。

このような特徴があることから、太陽電池は、燃料電池で説明したように、「発電装置」という感覚に近いと言えます。しかし、太陽電池は燃料電池とも違った特徴を有しています。

というのも、燃料電池は、水素の持つエネルギーを電気化学的な反応により電気エネルギーに変換しているので、まだマンガン電池やリチウムイオン電池のような電気化学反応を利用した電池の仲間と言えます。

しかし、太陽電池は、電気化学反応により電気を取り出してはいません。太陽電池は光のエネルギーを受け取って、物理的な作用により電気を取り出しているのです。したがって、太陽電池はこれまで説明してきた電池とは完全に異なった原理により電気を作り出しています。

ここから太陽電池は**「物理電池」**と呼ばれ、これまでに説明した電気化学的な反応で電気を取り出す「化学電池」とは、別物であると考えられています。

太陽電池の基本的な構造は、**電気（電子）を分離する「半導体」**と、そこから**電気（電子）を取り出すための「電極」**とからなっています。また、この半導体をさらに細かく見ると、半導体も p 型半導体と n 型半導体に分かれており、これらを組み合わせることで、電気を取り出せるようになっていま

す（発電のしくみは、後ほど説明します）。また、光を効率的に利用するために反射膜等の膜が用いられます。

　標準的な太陽電池の単位（セル）からは、電圧が約 0.5 ボルト程度の直流の電気が取り出せます。これを見ると、ひとつだけのセルでは得られる電気は小さいと思うかもしれませんが、大きな電圧が必要であればセルを直列にどんどんつないでいくことで必要な電力を得ることができます。

太陽のエネルギーと光

　太陽電池は太陽の光が当たっている間に発電ができることは説明しました。ところで、太陽のエネルギーはどれほどすごいのでしょうか？

　まず太陽エネルギーで語られるのは、再生可能なエネルギーという点です。

　石油は一回使ったら再生できませんし、原子力でも再生可能なエネルギーとは言えません。そもそも石油や原子力は埋蔵量が決まっています。これから先、技術が発展して海の底や氷の下から石油が取れたとしてもやはり限りある資源と言えるでしょう。

　しかし、太陽エネルギーは地球が普通に存在していれば得られるエネルギーで、波力、潮力、地熱等のエネルギーと同じく、実質的に**永久に利用できるエネルギー**です。さらに、太陽エネルギーはそれを電気に変換しても温室効果ガス等を排出することはなく、非常に**クリーンなエネルギー**です。

　また、太陽エネルギーは再生可能なエネルギーの中でもとても大きなエネルギーを有しているという点でも特徴的です。

　太陽のエネルギーは、雲や大気中のチリ、ごみ等に吸収されて、すべてが地表に降り注いでいるわけではありませんが、地表に降り注いでいる全エネルギーだけでも、その 1 時間分で、全世界が 1 年間に消費するエネルギー量に相当するという膨大な量になるという計算もあるほどです。

　しかし、全体で見れば大きなエネルギーであっても、エネルギーを得られる面積当たりで見ると、それほど高くはなく、たくさんのエネルギーを得るには、たくさんの面積が必要になります。つまり、広く薄く降り注いでいるエネルギーと言えます。また、季節、時間、天候等の影響により、得られる

エネルギーは影響を受けます。太陽エネルギーを見てみると、以上のようなメリット、デメリットがあるということがわかります。

　また、太陽光は「光」としても面白い性質を有しています。太陽の光が虹色に分解できることから実感できるのですが、光にはそれぞれの波長があって、波長によって、人間には赤、緑、青などに見えるようになっています。

　ところで、太陽電池は、光を電気に変えることができますが、電気に変えることができる光の波長は決まっていますので（人間に例えると、紫色の光は電気に変換できるけれど、赤色の光は変換できないといった状態です）、**より多くの波長の光について電気に変換できるような太陽電池を開発することが課題**となっています。

⚡COLUMN

日本の太陽光発電導入量

　2012 年からの固定価格買取制度（FIT）の効果で、非住宅分野の太陽光発電の導入が急拡大。それに伴ってシステム価格も漸減しています。

　しかし、買取価格の引き下げに従って導入量は低下傾向です。2017 年末の導入量は中国、アメリカに次いで第 3 位（2003 年までは第 1 位）。それでも日本の総発電量における太陽光発電のシェアは 3%にしかすぎません。

　なお一部には森林伐採による環境負荷も問題視されるようになりました。

太陽光発電の国内導入量とシステム価格の推移

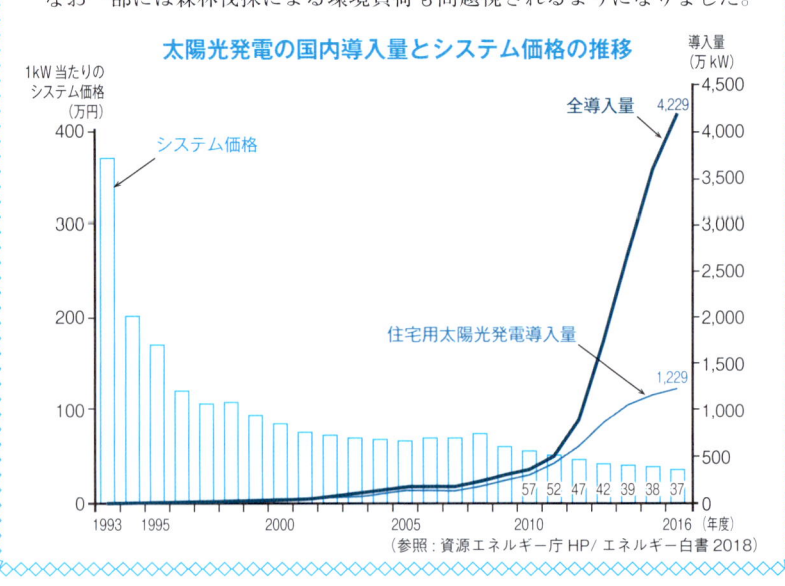

（参照：資源エネルギー庁 HP／エネルギー白書 2018）

太陽電池の歴史

　太陽電池が生まれるきっかけになった最初の発見は、フランスのアレクサンドル・エドモン・ベクレルによってなされました（ベクレルは、ウラン化合物から放射線が出ているのを発見して、キュリー夫妻とともにノーベル物理学賞を受賞したことでも有名です）。

　ベクレルは、1839 年に、電解液に浸した一組の電極版を用意し、そのうちの片方の電極に光を当てるとわずかに電極間に電気が流れることを見つけました。つまり、光を当てると電気が生じる装置の原型を発見したのです。この現象は**光電効果**と呼ばれています。

ベクレルが発見した太陽光発電の原型

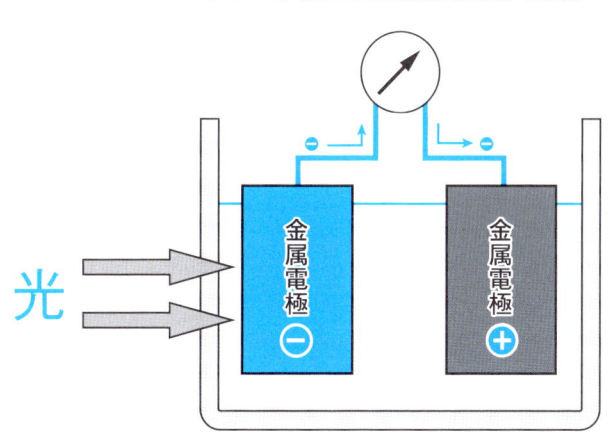

　その後、**1876 年に英国アダムス・デイ**がセレン：Se（酸素と同じ 16 族の元素です）を含む半導体の両端に白金を融着させた接合面で電流が発生することを確認しました。電解液を使ったベクレルの発見から一歩進んで、固体による光電効果の発見がなされたということになります。

　そして、このセレンによる光電効果を利用して、**1884 年に米国のフリッ**

ツがセレン光電池を発明しました。これが世界最初の太陽電池です。この電池はあまり電流を流すことはできないものでしたが、光があると電気が流れることから、光計測用に用いられたそうです。

その後、1954 年に米国のベル研究所から現在用いられているような形の太陽電池が作り出されました。

また、初めて太陽電池が発表されてから 4 年しかたっていない 1958 年には、科学衛星のヴァンガード 1 号に太陽電池が搭載されました。これは、送信機の電源として用いられましたが、一次電池のみを搭載したスプートニク 1 号の寿命が 21 日であったのに対して、太陽によってその場で発電可能な太陽電池を搭載したヴァンガード 1 号は 6 年後まで使用することができたそうです。

太陽電池は、宇宙開発で実用化された後は民生用での技術開発が進み、電卓（特に電卓では、日本のシャープが、1976 年に世界初の単結晶シリコン太陽電池付き電卓を発表しました）や腕時計、最近では太陽光発電をして家電等を動かすものまでに使われるようになりました。

また、蓄電池とともに用いることで、昼間発電した電気を夜に使えるようにして、灯台や道路で光るソーラーライト等にも使われるように技術開発が進んでいます。

太陽電池の発電の種類

太陽電池には、図に表すと以下のような種類があります。

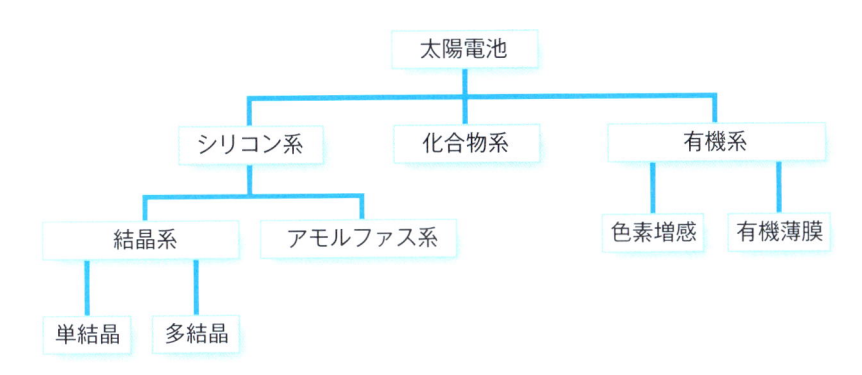

シリコン系

シリコン系太陽電池は結晶シリコン型とアモルファスシリコン型に大別されます。

結晶シリコン型は単結晶シリコン太陽電池と多結晶シリコン太陽電池に分けられます。結晶シリコン型は現在世界の太陽電池の主要部を占め、製造技術も確立されており変換効率が高く長寿命で信頼性の高い太陽電池です。また、この中で単結晶シリコン太陽電池は高純度シリコンを大量に必要とし、比較的厚く重く高価なのですが、高い変換効率が実現できます。多結晶シリコンは単結晶のようにきれいに単一の結晶でなく複数の結晶が存在するもので、変換効率も単結晶のものほど高くはないですが、単結晶のものよりも安価に製造でき、最も普及しているタイプです。

ところで、シリコンは酸素に次いで地球の地殻中に大量に存在する元素ですが、通常には純粋なシリコンの形では存在していません。石英などの二酸化シリコンという形（SiO_2 という形）で珪石や珪砂に存在しています。

この状態から単に酸素を切り離しても不純物を多く含むため、太陽電池には使えず、複雑な精製工程を必要とします。

　また、アモルファスシリコンは、シリコンを結晶化させないため（アモルファスとは非晶質という意味で、ガラスのように固体ではあるが結晶がない状態）、多結晶シリコンよりも低コストに製造できますが、変換効率も低くなっています。

化合物系

　化合物系はシリコン以外を材料にした半導体を用いた太陽電池です。シリコンを用いなくてもシリコンと同じような性質を持つ物質であれば同様に光によって起電力を得られるはずで、それらを用いた太陽電池について化合物系と分類されています。

　具体的には、CIS 太陽電池のように、銅 (Cu)、インジウム (In)、セレン (Se) を原料として、単独の元素ではそれぞれ半導体としての性質を示さなくても、組み合わせることで半導体としての性質を示す物質を用いて製造した太陽電池が化合物系の太陽電池です。この他にも、使用する化合物元素の周期表により分類されている、III-V 族型、II-VI 族型等の半導体化合物が多数合成されています。

　化合物系太陽電池は新しい化合物を合成することができるので、より変換効率の高い化合物もあり、実用化はされていませんが、研究レベルではシリコン系よりも高い変換効率を得ることができます。また、シリコン系のものよりも製造コストを下げることができます。

有機系

　有機系太陽電池は、シリコン系太陽電池や化合物半導体系太陽電池のように無機物を原料とするのではなく、有機物を原材料とする太陽電池です。有機物を原材料とするものは、有機薄膜系と色素増感系に大きく分けられます。

　有機薄膜太陽電池は、これまでに説明してきたような半導体として有機物の半導体を用い、p 型、n 型の半導体を利用するものです。一方で、色素増感太陽電池は、2 種類の半導体を用いることはなく、また、太陽電池である

のに、電解液を用いているという点にも特徴があります。電解液には、ヨウ素等の化合物が用いられ、これが色素増感太陽電池の中で電子を運ぶ役目をしています。

　有機系の太陽電池は、電池に色を付けることができ（特に色素増感太陽電池などは色素を用いています）、結晶シリコンを使わない分、材料も安くできるというメリットがありますが、変換効率が低かったり、有機半導体や色素の安定性に問題があったり、色素増感太陽電池では電解液が漏れる等して、電池の寿命が短くなるといったデメリットがあり、まだ本格的に普及しているとは言えず、研究が進められています。

太陽電池の構造や動作原理による分類

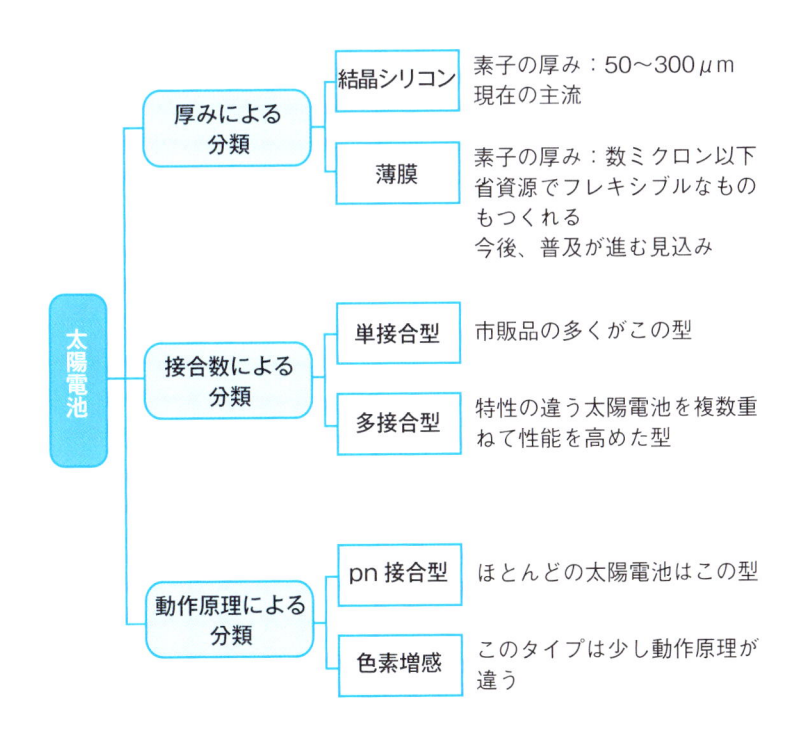

今もっとも一般的な
シリコン系太陽電池の発電の原理

　太陽電池にもたくさんの種類があり、単に用いる材料が違うというだけでなく、発電のしくみが違うものもありますが、現在最も広く用いられているシリコン系太陽電池で説明をします。

シリコン系太陽電池のしくみ

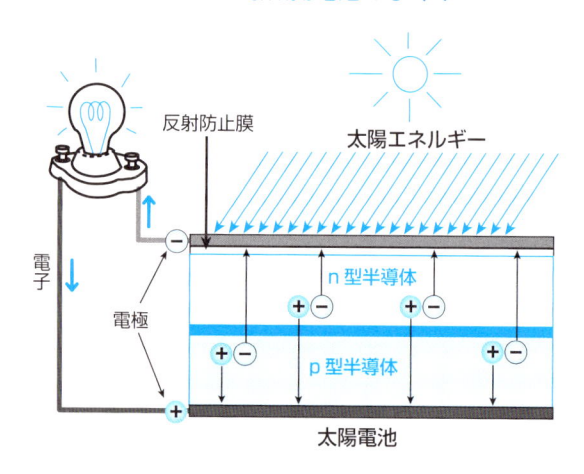

反射防止膜
太陽エネルギー
電子
電極
n型半導体
p型半導体
太陽電池

　単純なシリコン系太陽電池は、電気的な性質の異なる2種類の半導体（n型半導体と p 型半導体）を重ねた構造をしています。半導体とは導体（金属など電気を通すもの）や絶縁体（ゴムなどの電気を通さないもの）ではなく、例えばシリコンに対して外部からの刺激や物質に不純物を添加することによって電気を通したり通さなかったりする物質です。そして、不純物の添加をして電気を通しやすくする性質を利用した半導体が2種類の半導体、n型半導体と p 型半導体です。n 型と p 型は添加する不純物によって、どちらになるかが制御されています。

　nはネガティブのnで、不純物の添加によりマイナス（電子）が余っている状態を表し、pはポジティブのpで、不純物の添加でプラス（電子が抜け

ている「ホール」）が余っている状態の半導体です。

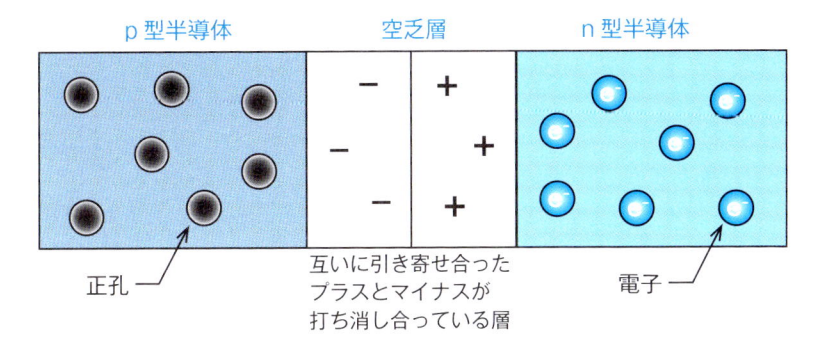

p型半導体　　空乏層　　n型半導体

正孔　　互いに引き寄せ合った
プラスとマイナスが
打ち消し合っている層　　電子

　2種類の半導体を接合（pn接合）すると、pn接合面付近では電子とホールはマイナスとプラスですからお互いに引き合います。そしてマイナスとプラスは互いに打ち消されます。そうするとpn接合面の近くには、電子もホールも消滅した層（これを「空乏層」と言います）が形成されます。

　この空乏層ができると、n型半導体の電子がp型半導体へ向かおうとする流れと、p型半導体のホールがn型半導体向かおうとする流れが妨げられて、pn接合の接合面から遠い箇所では電子とホールの拡散が止まり、電子が溜まっているn型半導体、ホールが溜まっているp型半導体、電子とホールが打ち消し合っているpn接合部がそれぞれつり合った状態で安定します。

　この釣り合った状態でpn接合部に光が当たると、先ほど説明した光電効果により、光のエネルギーによって新たな電子とホールが弾き出され、電子はn型半導体へ、ホールはp型半導体へと移動します。その結果、ある意味釣り合いが悪くなり、電子を外部へ押し出す力（これを「起電力」と言います）が出てくるのです。

　起電力があるので、このときに、n型半導体p型半導体のそれぞれに電子の通り道となる電極を取り付けるとそれぞれ負極、正極となって、電子は外部の回路を通ってホールと結合するように流れていきます。

　このようなしくみで電流が流れているので、これまでの電池のように全く化学反応は起きていません。したがって、太陽電池は物理電池と呼ばれ、電池というよりも発電装置というほうが近い感覚になります。

光合成のように電気を生み出す太陽電池 ——色素増感太陽電池

ヨウ化物イオンの交換で電気を取り出す

太陽電池は、化学物質の反応を伴わないで電気を取り出す（発電する）装置であることを説明しました。しかし、太陽電池でも色素増感太陽電池は化学物質の変化、つまり、ヨウ素（I_2）からヨウ化物イオン（I^-）への変化、及びその逆であるヨウ化物イオン（I^-）からヨウ素（I_2）を利用して電気を取り出しています。

では、どのように太陽光やヨウ素がヨウ化物イオンになる反応を利用しているかと言うと、まずは太陽光で色素が励起されます。すると、色素にあった電子が外れて n 型半導体の働きをする二酸化チタンに流れます。そして電子は電極、外部回路を通って対向極（対極ともいう）まで流れていきます。電子がとられてしまった格好になった色素は、ヨウ化物イオンから電子を受け取ります。ヨウ化物イオンはそこでヨウ素になり、対向極から電子を受け取ります。このように、太陽光のエネルギーと、ヨウ素を利用した化学反応によって電気を取り出しているのです。

色素増感太陽電池のしくみ

光

e⁻

透明基盤

電極

光吸収層

負荷

半導体粒子

色素

$1/2I_2$　　I^-

電解質層

対抗極

e⁻

　材料として、半導体粒子には、二酸化チタン（TiO_2）が、電解質には、プロピレンカーボネート等の溶媒とヨウ素の組み合わせが、透明な電極には酸化インジウムやスズ等が用いられ、色素は様々なものが現在でも開発されています。そして、半導体粒子の周りには、色素がまぶしてあり、それが電極上に積層されているという構造をしています。

　色素増感というだけあって、色素の性能を上げる研究は積極的に行われています。また、色素は化学物質ということもあって、もしかしたらいきなり性能の良いものが発見されるという可能性も秘めています（例えば、リチウムイオン電池でも、電極の化学物質が発見されたことが、大きな技術的なブレークスルーになりました）。したがって、色素に関する特許出願も様々な企業から積極的に行われています。

　代表的な色素は「ルテニウム錯体」で、錯体の配位子として、ピリジン（6角形の化学構造を持つベンゼンに含まれる6つの C-H 構造のうち、1つが窒素原子に置き換わった構造をもつ化合物）が2つ結合したもの、または3つ結合したもの、及びチオシアン酸イオン（-N=C=S）が一般的に用いられ、ピリジンには通常様々な置換基が置換します。

ルテニウムに配位子としてピリジンが2つ結合した分子2つと NCS が2つ配位した構造を有する。

ルテニウムに配位子としてピリジンが3つ結合した分子1つと NCS が3つ配位した構造を有する。ピリジンにはカルボキシル基が置換している。

このようにして合成された色素を開発して、より寿命が長く、より効率的に太陽の光を利用できるような色素増感太陽電池の開発が試みられています。

色素増感太陽電池のメリットとデメリット

　色素増感太陽電池のメリットとして、色素で増感するため低照度環境での発電能力が高いことが挙げられます。また、「色素」を使っていることから、いろいろな色や柄をした太陽電池を作ったりすることも可能となります。また、構造が単純であることから安価に作ることができることもメリットとして挙げられます。

　デメリットとしては、色素の寿命がそれほど長くないことや発電効率がそれほど高くないことが挙げられます。

　とは言え、メリットである低照明環境下での発電やコストの安さを生かして、屋内での実用化が考えられています。例えば、発電装置にもなるインテリア等です。将来的には、寿命を要求されない室内の飾りつけ等が太陽電池であるという技術が出てくるかもしれません。

　なお、色素を利用して光のエネルギーから電気を取り出すというのは、色素（クロロフィル）を利用して光のエネルギーから炭水化物を作り出す「光合成」と似ているので、色素増感太陽電池は光合成のような反応から電気を得ていると考えることもできます。

未来の電池？——原子力電池

「原子力を使って電気を得る」と言うと、原子力発電を考えるのが一般的かと思います。しかし、原子力発電は、原子力（ウランなどの核分裂による熱エネルギー）で水を沸かし、蒸気の力でタービンを回して電気を起こしているので、火力発電と同様の発電方式であり、電池とは言えません。

原子力電池もその名のとおり、原子力を用いて発電をしていますが、ボイラー、タービン等の可動部は使いません。

原子力電池を分類すると下のようになります。

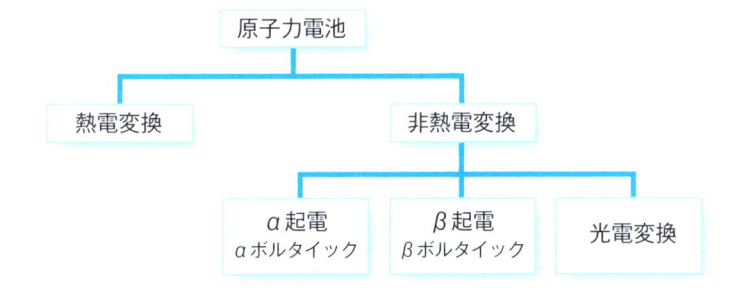

熱電変換による原子力電池

放射性物質が崩壊をしたときに得られる熱を利用して、熱電変換素子から電気を得る装置です。α崩壊、β崩壊等の崩壊が起こったときに出されるα線、β線のエネルギーは周囲の物質を加熱します。そして、放射性物質の周りに保温材を配置して崩壊エネルギーを熱エネルギーに変換したものを溜めておき、高い温度とすることで、周囲の温度との温度差ができます。この温度差を利用して発電をしたのが熱電変換を利用した原子力電池です。

熱電変換による原子力電池は、タービン等の設備が必要ないため、比較的小さな装置とできることや、太陽光など他のエネルギーがなくても電気を得

ることができることから、太陽から遠く離れ、他に何もエネルギーになりそうなものがないところにポツンといても電気を得ることができます。したがって、ボイジャーやカッシーニといった探査機にはこのタイプの原子力電池が載せられました。

　また、欧米では、これを超小型にしたものを心臓のペースメーカーの電源にして利用されたこともありました。

　この方式では、多くの場合でプルトニウムが用いられます。しかし、原子力電池を搭載した人工衛星が事故を起こし、プルトニウムが地球の陸地に落ちたこともあり、宇宙船に原子力電池を載せるのが安全ではないという考えもあります。また、ペースメーカーにしても放射線を小さな電池の中に完全に閉じ込めておく技術が難しく、現在ではリチウムを使って十分寿命の長い電池ができています。

熱電変換素子

　熱をかけると電気を発生させることができます。このことを「熱電変換効果」と言いますが、発見者の名前にちなんで「**ゼーベック効果**」とも言います。

　熱電変換効果を示す材料は、金属や半導体を接合させてその場所で、熱の差が生じたときに電気を発生させる性質を持ちます。電気を流す金属や半導体の材料はいろいろ開発されていますが、簡単な例で言えば、銅線とニクロム線を接触させて、その場所に熱をかけることで電気は流れます。

ゼーベック効果

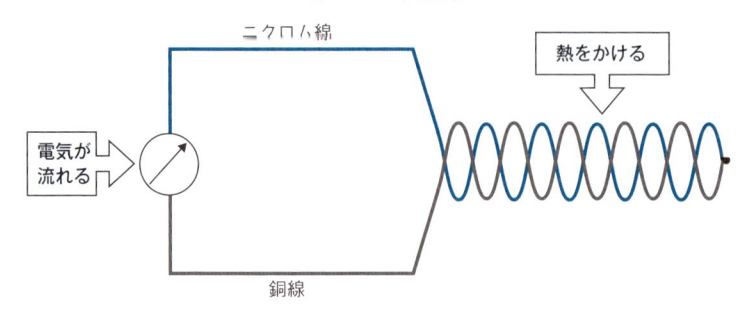

　銅線とニクロム線を接触させて、その部分を加熱するだけで、加熱されていないところとの温度差が生じ、電気が流れるというと不思議な気がします

が、これだけのことで電気は流れます。流れる電気の起電力は、温度差１Ｋで数μＶ程度、半導体では数十から数百μＶ程度の起電力が得られます。

　実際に用いられている熱電変換素子は、より高い起電力が得られることから半導体を用いており、太陽電池と同様にｐ型半導体とｎ型半導体を使って電気を得ています。

熱電変換電池のしくみ

熱がかけられる

高温側電極

ｎ型半導体

電子●、ホール●ともに低温側に移動する

ｐ型半導体

負極　低温側電極　電気が流れる　低温側電極　正極

電子→　←電流

　半導体を用いた熱電変換素子では、熱が高い箇所で電子やホールが生じ、これらは熱の低い方へ流れようとするので、熱の低い方に電子やホールが集まります。このとき、外部回路を通じて電子を流してやることで、電子とホールが一緒になって安定化しようとするので、そこに電気が流れることになります。

　電変換素子を用いた発電装置は、可動部を設置しなくても熱から直接電気を得られることから熱電池もと言われ、太陽電池と同様に物理電池に分類されます。

非熱電変換による原子力電池

　まだまだ研究段階ではありますが、原子力を使って非熱電変換による原子力電池を開発する研究も進められています。

例えば、ベータ線を直接電力に変換する方式として、*β* 起電（ベータボルタイック）と呼ばれる方式があります。

　ベータ線はその実体が電子ですが、これを pn 接合した半導体に照射します。そうすると pn 接合部での電子とホールとのバランスが崩れ、このバランスを戻すために電子が流れようとする力が発生します。このときに外部回路をつなげれば、電気が流れるというしくみになっています。この方式は、基本的には太陽電池ととても似ており、太陽の光線が原子力のベータ線に置き換わったようなしくみになっています。

　α 起電（アルファボルタイック）は、ベータ線をアルファ線にしたものです。アルファ線はその実態が陽子 2 個、中性子 2 個のヘリウムですが、これも pn 接合した半導体に照射することで、pn 接合部での電子とホールとのバランスが崩れ、このときに外部回路をつなげれば電気が流れます。

　光電変換方式の原子力電池は、トリチウム等からの放射線を蛍光物質にあてて発光させ、この周りに光電変換素子いわゆる太陽電池のようなものを配置しておくことで、この光を利用して光電変換素子で発電が行われるものです。つまり、太陽電池の光を原子力エネルギーからの光にしたようなものです。

　原子力電池はこれまでに紹介したものの他にも様々な方式で電気を得る方式が知られていますし、選ぶ材料によってその寿命が飛躍的に伸びることもあることから（例えば、よく知られているプルトニウム 239 では半減期が 2 万 4 千年です）、興味深い電池ではあります。

　しかし、危険性の問題もあり、車や携帯電話で用いた際に、大きな事故が起きたときや、そうでなくてもちょっと落としてしまった程度のショックで、放射性物質が漏れてしまうという可能性が全くないわけではありません。また材料の価格がとても高くなるということから、日常的に用いる電池として利用されることは近い将来にはないかもしれません。とは言え、技術の発展を先読みすることは非常に難しいものです。今後もしかしたら原子力電池が一般的な電源として用いられることもあるかもしれません。

CHAP.9

コンデンサも立派な蓄電池

コンデンサとは
——電池とは違う蓄電装置

　コンデンサは「電気を溜め、溜めた電気を出す」機能を持っています。この機能を有していることもあって（コンデンサには、これ以外にも重要な機能を有していますが、本書のメインテーマから外れるのでその点については踏み込みません）、コンデンサは世界の電子機器の多くに組み込まれています。

　コンデンサには、たくさんの種類があり、電気をたくさん蓄えるのが得意なもの、電気をたくさん蓄えはしないかわりに、充放電のスピードがとても速いもの等がありますが、まずはコンデンサのなりたちから説明しましょう。

　1746 年にオランダのミュッセンブルークは**ライデン瓶**を発明し（ボルタ電池よりも半世紀以上前の発見です！）、これにより人間が意図的に電気を蓄えることができるようになったのですが、このライデン瓶こそがコンデンサの基本構造です。

　ライデン瓶はマイナスとプラスが引き合うという性質を利用して電気を蓄えます。その構造は、ガラス瓶の内側と表面にスズ箔を塗り、電極として上部の金属部分から内部のスズ箔に鎖を通じて接触させているというものです。このような装置とすると、瓶の外側と内側でプラスとマイナス、それぞれ違った電荷をかけたときに、絶縁体であるガラスを挟んで、お互いの電荷が近づこうとします。でも、絶縁体が間にあるので、お互いに触れることはできません。この状態がコンデンサに電気が溜まっている状態と同じ状態となっています。

　実際に使うコンデンサでは、誘電体を挟んだ一組の金属板にそれぞれ引き合っている電気があって、結果として電気が溜まっている状態（これを静電誘導と言います）で、電気が引き合いながらじっとしています。例えるなら、電池が充電されている状態のようなものです。そしてこのときに、プラスと

マイナスが絶縁体を通るよりも、流れやすい道ができるとそちらを通って流れ出します。この状態は、それぞれの金属板を外部の回路につなぐいで放電している状態となります。

　このように、電気を蓄えることができて、それを必要なときに流すことができるという機能は、電池と非常に似ているのですが、電池とコンデンサは別のものです。

　電池は、すでに述べたように「電気化学的な反応を利用して、物質の持つ化学エネルギーを電気エネルギーに変える装置」です。したがって、電気を溜めておいて必要なときに電気を流すという現象だけを見ると、結果的に電気を溜めているように見えますが、電池は電気自体を蓄えてはいません。電池は化学エネルギーを溜めていて、それを電気化学反応により電気に変えているのです。

　一方で、**コンデンサは、電気化学的な反応は起きていません。2つある電極で片方がプラスにもう一方がマイナスに、いわば直接電気を直接溜めていて、必要なときにその電気を取り出すことができるのです。**

　電池とコンデンサはこのような違いがあるので、それぞれ別のモノとして理解されています。

コンデンサの原理：ライデン瓶

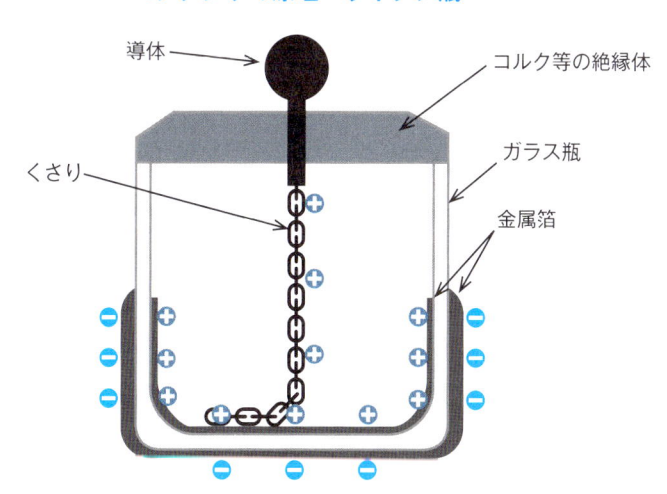

導体　　コルク等の絶縁体　　ガラス瓶　　くさり　　金属箔

電気回路には「コンデンサ」、蓄電装置には「キャパシタ」

　コンデンサの種類は、用いる誘電体にちなんだ名前になっていることが多く、コンデンサの名前から、そのコンデンサに用いられている誘電体が何かがわかります。

　よく見られるコンデンサを以下に簡単に紹介します。

セラミックコンデンサ

　その名のとおり、セラミックを誘電体に用いており、「セラコン」と呼ばれてもいます。セラミックとしては、例えば、アルミナやチタニアなどの金属酸化物（磁器）を用いたものがあります。静電容量は比較的小さいですが、電子回路には多く用いられています。

アルミ電解コンデンサ

　高純度アルミニウム箔電極の表面に処理を施して、酸化アルミにし、誘電体と（絶縁化）します。「電解コンデンサ」とも呼ばれ、金属表面を粗面化して表面積を大きくしたり、化学処理によって比誘電率を大きくしたりすることで、大きな静電容量のものが作れ、電源回路などに用いられます。

オイルコンデンサ

　オイルを浸み込ませた絶縁物を誘電体として使用し、これを電極で挟んだもので作られていて高圧の電源回路などに使用されます。

フィルムコンデンサ

　絶縁体としてポリエステルなどの高分子フィルムを使用したもので、温度による容量の変化が小さいのが特徴です。また高周波特性がよく低周波回路から高周波回路まで広く使用されており、オーディオ回路等に用いられます。

マイカコンデンサ

　誘電体としてマイカ（雲母）を使用したもので、高周波特性が良いので受信機送信機の高周波回路に使用されています。

　ここに示したコンデンサは、用いられている誘電体にちなんで名前が付けられていました。これらのコンデンサは、充放電をする際には電池のように化学反応を起こさず、電荷がそれぞれの極側に移動するだけですから、とても早く充放電ができます。その一方で、蓄えられる電気の量が電池に比べてとても小さく、機械を動かし続けたり、明るい光を発し続けたりするための電源としては活躍しているとは言えません。

　しかし、「電気化学キャパシタ」と呼ばれるタイプのコンデンサは大きな静電容量を有しており、蓄電池と同じような利用が進められています。身近な例では、電車や自動車のエネルギーの回生に用いられています。

　ところで、日本では、同じしくみのデバイス（装置）なのに、コンデンサとキャパシタという 2 つの用語が用いられています。

　「コンデンサ」は、イタリア語の「蓄電池」を意味する単語から由来しているようです。それに対して、アメリカなどの英語圏ではコンデンサではなく、同じものを表すのに「キャパシタ」を用いており、これは「容量」を意味しています。

　基本的には、どちらも同じものを指しますので、どちらを使ってもよいはずですが、特に電気化学キャパシタに含まれる電気二重層キャパシタ、リチウムイオンキャパシタについては、「キャパシタ」が用いられることが多くなっているようです。

　使っている単語が違うので、混乱しないように注意が必要です。この本では、電気化学キャパシタ、リチウムイオンキャパシタのように、〜キャパシタと用いられる方が多いものについてはキャパシタと言うようにしています。

コンデンサはどの程度の電気を溜められるのか ——静電容量

　コンデンサは電気をそのまま溜めることができるのですが、それではどの程度電気を溜めることができるのでしょうか。コンデンサが溜められる電気の量は「**静電容量**」と言い、下記の式で表すことができます。静電容量の単位はF（ファラッド）で表されます。

コンデンサの基本構造

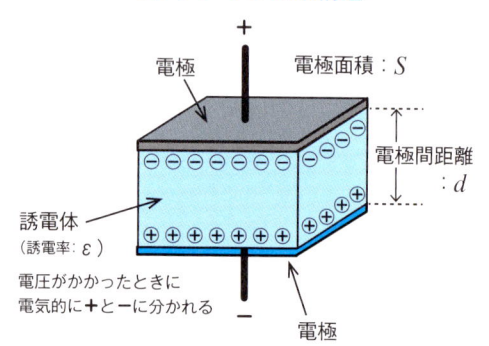

電極
電極面積：S
電極間距離：d
誘電体
（誘電率：ε）
電圧がかかったときに
電気的に＋とーに分かれる
電極

コンデンサの静電容量

$$C = \frac{\varepsilon S}{d} = \frac{\varepsilon_0 \varepsilon_r S}{d}$$

S：電極面積 [m²]
d：電極間距離 [m]
ε：誘電体の誘電率 [F/m]
ε_0：真空の誘電率 [F/m]
　　（8.855×10⁻¹²[F/m]）
ε_r：誘電体の比誘電率

　ここで、**誘電率**という単語が出てきますが、これは、コンデンサが用いる**誘電体**によって決定される値です。誘電体とは直流の電流を通さないので、絶縁体と同じ意味で使われています（例えば、ガラス、プラスチック、セラミックスは誘電体です）。しかし、コンデンサの中で誘電体は電気をかけたときに「分極」を起こし、電気は流れてはいないですが、電気的にプラスとマイナスに分かれることで電気を蓄えます。

　このように、コンデンサに挟まっている誘電体は、単に直流の電気を流さないというだけではなく、分極するという機能を有しており、絶縁しながらも電極に電気を溜めやすくしているとも言えます。

　誘電率は通常、真空の誘電率を1としたときの比率として比誘電率（εr）で表します。図に示した式からわかるとおり、コンデンサは電極の面積が増えれば増えるほど、静電容量は増えます。電極の面積が大きいほどそれぞれ

の電極上で引き合うプラスとマイナスがたくさん存在できるようになること
も考えられます。

　さらに、これもこの式からわかるのですが、電極と電極の間の距離が短く
なるほど静電容量は増えます。プラスとマイナスは引き合いますが、あまり
にお互いの距離が遠いと引き合う電気の量は少なくなってしまいます。

　誘電体としてよく挙げられるものにセラミックスがありますが、セラミッ
クスの種類によって、比誘電率はそれぞれ異なります。その中で都合のよい
誘電特性を持っているセラミックスは「誘電体セラミックス」と呼ばれます。
比誘電率は高いものでは 10,000 以上にもなり、必要に応じて様々な比誘電
率を有する材料が使い分けられています。

⚡COLUMN

誘電体

　すでに説明したように、直流の電気を通さないものは誘電体（絶縁体）です。
　しかし、誘電体であっても原子レベルから見れば、陽子や電子から構成され
ています。したがって、誘電体に電気をかけると全体から見たら少しくらいは正
極側にはマイナスの要素が引き付けられ、負極側にはプラスの要素が引き付けら
れます（この状態が分極している状態です）。

　誘電体によって、マイナスやプラスが引き付けられる度合いは違っていて、電
極に電気をかけたときに、プラスとマイナスが大幅に動き、誘電体の中で相当電
気が偏った状態になるものや（とは言っても、完全に動いてしまっては誘電体と
は言いません）、ほとんどプラスとマイナスが動かないものもあります。

　これを数値にしたものが比誘電率です。以下に、代表的な材料とその比誘電
率を示します。

誘電体	比誘電率	誘電体	比誘電率
SiO_2	3.9	Nb_2O_5	35
Al_2O_3	9	TiO_2	30-40（アナターゼ）
$HfSiO_4$	11		80-100（ルチル）
ZrO_2	25	$BaTiO_3$	1700
HfO_2	25	$SrTiO_3$	2000
Ta_2O_5	27	$Pb(Zr,Ti)O_3$	2500
La_2O_3	30	$(Pb,La)(Zr,Ti)O_3$	
$LaAlO_3$	30	$CaCu_3Ti_4O_{12}$	80000

Minoru Osada and Takayoshi Sasaki, Adv.Mater., 2012, 24(2), 210–228

蓄電池と同様な用途に使われる「電気化学キャパシタ」

　電気化学キャパシタ（電気二重層キャパシタ、リチウムイオンキャパシタなど）は、従来のコンデンサに比べて、容量が大きく、また電池に比べて、急速充放電が可能であるなどの特徴を有しています。この特徴を利用して、近年、**ハイブリッド自動車などの補助電源や回生電力貯蔵装置、二次電池の代替デバイスなどに用いられる**ことが期待されています。

　コンデンサと同様に考えた場合の静電容量は 1000F（ファラド）以上のものもあり、普通のコンデンサは（当然、使用目的が違ってはいますが）、数 pF（ピコファラド）、μF（マイクロファラド）のものが多いので、まさに桁違いの容量を有しています。かと言って、電気化学キャパシタは、電池と同じようなしくみではなく、コンデンサと同じようなしくみで充放電をしています。

　電気化学キャパシタは、蓄電池並みの容量を有しており、構成材料を見ても、リチウムイオン電池と同じように、電極・集電体、電解質、セパレータなどで構成されています。

　さらに電気化学キャパシタとリチウムイオン電池等の材料では、同様な材料が用いられることもしばしば見られます。このことから、電気化学キャパシタは、コンデンサと二次電池の中間に位置する蓄電デバイスとも言えます。

電気二重層キャパシタ（EDLC）

　一般に電極にプラスかマイナスかの電荷をかけると、その電極に接した電解液の表面では、電極とは逆の電荷を持つイオンが吸い寄せられます。これは電気二重層を形成している状態と言えます（次の図で言うと、充電されている状態のこと）。このときに、電極と電解液の間で電気化学反応が起こらないような材料を選択した場合、電気二重層の静電容量を利用したキャパシ

タを作ることができます。

電気二重層キャパシタ（Electric double-layer capacitor）

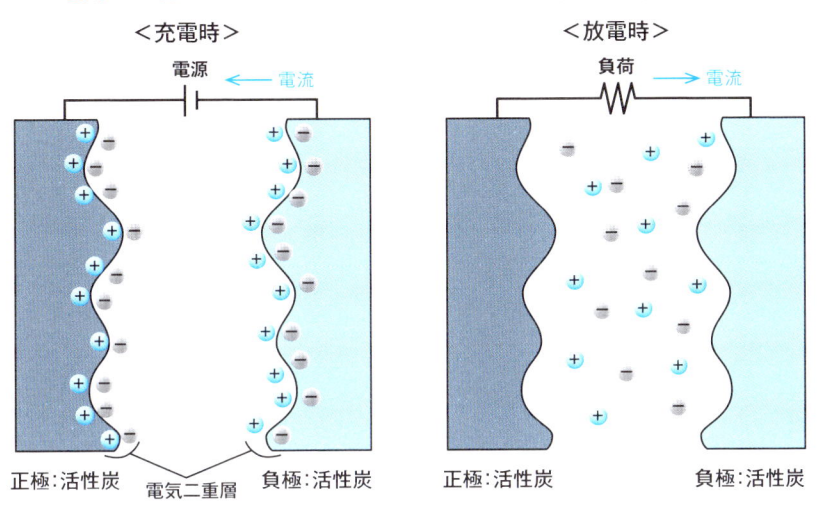

＜充電時＞　　　　　　　　　　　　　　＜放電時＞

正極：活性炭　電気二重層　負極：活性炭　　　　正極：活性炭　　　　負極：活性炭

　材料としては、分極性電極として、活性炭のような比表面積が高く、電解液との反応を起こさない物質を利用します。コンデンサと同じく、表面積が大きければ容量が大きくなりますが、単に表面積が大きければよいのではなく、細孔の中で電気二重層が形成される程度に細孔径が大きいものを用いると、大容量を示すことが知られています。

　また、電解質としては、すでに紹介した蓄電池と同様に水系と有機溶媒系に大きく分けられます。水系電解液は高いイオン伝導性を示すため高速充放電の点で有利です。これに対し有機溶媒系は作動電圧を高くできる点で有利です。

　蓄電池と同様に、水は高電圧がかかると電気分解を起こし、水系では、1.2Vを超えたあたりから電解液の分解が起こり始めますが、非水系溶媒系では水に比べて高電位、低電位ともに耐久性があり、3V程度の作動電圧をとることができます。

　現在はリチウムイオン電池でも用いられているような炭酸エステル系溶媒に4級アンモニウム塩を支持塩として溶解させたものが用いられています。

有機溶媒系電解液を用いることで、リチウムイオン電池と同様に、水より凝固点が低くなり（水よりも氷りづらい），低温環境下に強いキャパシタとなります。また、有機溶媒ですから、可燃性であり、非水系の電解液を用いたキャパシタでは、安全面を向上させることが技術課題ともなります。

　以下に、電気二重層キャパシタの特徴を示します。

　①エネルギー効率が高い
　②充電時間が短い
　③反応熱が少ないため安全
　④構成材料に重金属、ハロゲンを使用していないため環境負荷が小さい
　⑤電極として炭素材料を使用しており、材料が枯渇する心配がない

リチウムイオンキャパシタ（LIC）

　リチウムイオンキャパシタとは、電気二重層キャパシタとリチウムイオン電池を掛け合わせたような原理を使って充放電を行うデバイスです。

　リチウムイオンキャパシタを構成する材料について見てみると、正極の材料には、電気二重層キャパシタと同様に、炭素材料を用いています。したがって、正極では電気二重層キャパシタと同様の原理で、マイナスイオンが物理的に引き寄せられることによって充電がされ、放電するときにはその状態が解放されます。

　一方で、負極材料には，リチウムイオンを吸蔵放出可能な炭素系材料を使います。そして、キャパシタを作成する際にリチウムイオンを添加しておくと（リチウムイオンを事前にドープするので「プレドープする」と言います）、このキャパシタが作動するときに負極は、リチウムイオン電池と同じようにリチウムイオンを吸蔵放出します。つまり、負極はリチウムイオン電池と同様の原理で充放電をしています。

　　※ドープ＝結晶の物性を変化させるために少量の不純物を添加すること。

　負極の構造をこのようにすることによって、リチウムイオンキャパシタは電気二重層キャパシタに比べてエネルギー密度が高くなり、作動電圧も高電

圧化が可能となります（電気二重層キャパシタと比べて約 1.5 倍の電圧）。

　従来のキャパシタに比べてエネルギー密度が高くなる等の性質を示すのは、リチウムイオンを加えること（リチウムイオンのプレドーピングと言います）によって負極の静電容量が増大されていることに起因しています。

リチウムイオンキャパシタ（LIC）

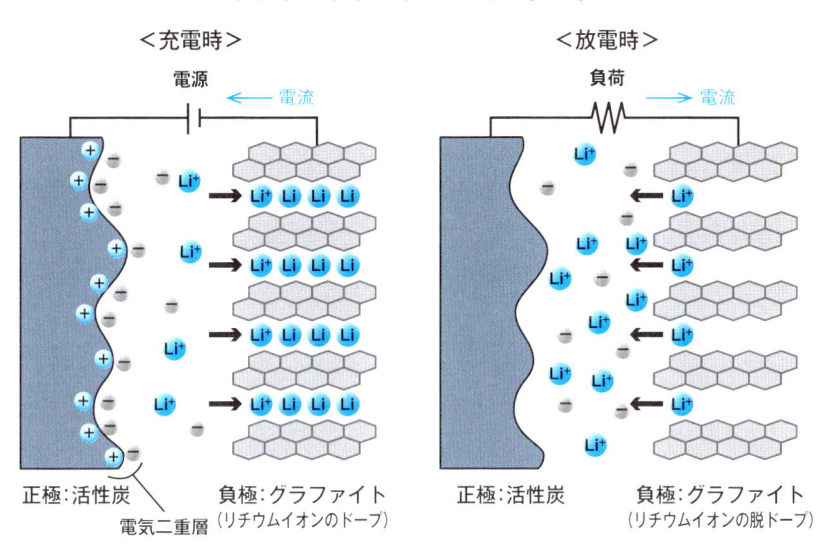

<充電時>　　　　　　　　　<放電時>

正極：活性炭　　　負極：グラファイト（リチウムイオンのドープ）
電気二重層

正極：活性炭　　　負極：グラファイト（リチウムイオンの脱ドープ）

名称	電気二重層キャパシタ	リチウムイオンキャパシタ
略称	EDLC	LIC
正極	活性炭、ナノカーボン、集電体はアルミニウム箔	活性炭、集電体はアルミニウム箔
負極	活性炭、ナノカーボン、集電体はアルミニウム箔	リチウムをプレドープしたグラファイト等の炭素材料、集電体は銅箔
電解液	有機溶媒にアンモニウム塩等を添加（水系：硫酸水溶液等）	有機溶媒にリチウム塩等を添加
セパレータ	ポリオレフィン系フィルム、不織布等	
蓄電方法	自然発生する電気二重層を利用	電気二重層とイオンのドープ・脱ドープを利用

蓄電デバイスとしてのコンデンサの応用分野

　大容量のコンデンサである電気二重層キャパシタ（EDLC）やリチウムイオンキャパシタ（LIC）の特徴には、次のような点が挙げられます。
　①長寿命（充放電サイクルが無制限）
　②高出力密度（急速充放電が可能）
　③充放電時の損失が少ない（内部抵抗が低い）
　④放電深度が深い（完全に放電できる）
　⑤環境負荷が少ない（材料に重金属を含まない）
　⑥温度条件の厳しい環境下でも利用可能

　これらの特徴から、すでに私たちの身の回りでは次の用途と目的で活躍しています。
　①電力の貯蔵（配線レスとメンテナンスフリー）
　②電力の平準化（危機管理）
　③電力のアシスト（省エネ、ウォーミングアップ時間短縮）
　④バックアップ電源（危機管理）
　⑤回生電力（省エネ、CO_2 削減）

　夜間、真っ暗な道路で点滅する道路鋲は、昼間に太陽電池から蓄電して夜の安全を守ってくれています。サイクル寿命が長いことや安定した温度特性、環境負荷が少ないなど、メンテナンスフリーな特性が生かされているのです。信号機など、停電を起こしてしまってはいけないところのバックアップ電源としても大容量キャパシタが用いられることもあります。
　また、ハイブリッド自動車などで、ブレーキをかけたときにその運動エネルギーを電気エネルギーに変換して電池に蓄えているのと同様に、大容量キャパシタも回生電力を蓄えるのに用いられています。一般的な自動車、バ

ス、鉄道でも大容量キャパシタが回生電力を蓄えるために用いられています。

　さらに、最近の自動車にはアイドリングストップの機能が付いている車が多いですが、エンジンを再度始動させるときには瞬間的に大きな電気が必要になります。従来のカーバッテリーである鉛蓄電池でも、もちろんエンジンを始動させることはできますが、何度も何度も繰り返して大電流を一気に流すというのには、大容量のキャパシタが威力を発揮します。そこで、カーバッテリーと同時に用いて電池をアシストして、始動しやすくさせています。

　同様の用途として、スマホにも EDLC は搭載されています。最近のスマホは音楽を聴きつつ、同時に多数のアプリを起動したりする使用が可能ですが、そうすると、瞬間的に電力を消費してリチウムイオン電池だけでは電圧が低くなってしまうことがあります。これをアシストする目的でも EDLC は用いられています。

　また、コピー機のように、コンセントから電源を取っているものでも、スリープ状態から一気にコピー機を動かすときの補助電力として、EDLC を搭載してそこに電気を蓄えておきその電力を利用することが行われています。

　大型化することで、リチウムイオン電池と同様の箇所でも用いられています。キャパシタの場合は、容量では電池に劣りますが、瞬時に大容量の電気が流せることや、充放電による劣化が見られないことが特徴であり、その特性をうまく利用して応用が進められているのす。

　大型化での応用の代表例は、電力の平準化です。電力の平準化は、太陽光発電や風力発電等、発電できる時間と電力を使用したい時間がずれている場合に、発生させた電力を蓄えておいて、必要なときに電力を放出させることです。ここに、大容量のキャパシタが用いられています。例えば、2017 年には『北海道日高町に蓄電池併設メガソーラー稼働、Li イオンキャパシタ設置』という報道がされています。

　電池だけでもある程度の容量は溜めることができるのですが、一瞬で大容量の電力消費が行われたときに、電池では電圧が下がってしまうところ、キャパシタではそのようなことが起きづらいので、そのようなメリットを生かして応用されています。

トリクル充電とフロート充電

「トリクル充電」とは、電池を常に一定の微小電流（0.05C 〜 0.02C 程度) で充電し続ける充電の方法です。

電池によっては、充電しておいた状態でそのままにしておくと、自己放電が起こるものがあります。自己放電する量が多ければ、必要なときに十分な容量が得られない（十分な電気が蓄えられていない）という可能性があります。これでは困るので、電池に対して少しずつ注ぎ足すように充電をするという充電方法を「トリクル充電」と言います。

トリクル（trickle）とは、したたる、ぽたぽた落ちるという意味で、自己放電があってもその分は充電をして満充電の状態を保つように充電するため、「トリクル充電」と呼ばれています。少しずつ充電をすることができ、その分過充電を心配することがないので、長時間の充電を行っていても電池に負荷をかけません。

このような充電が有効な電池は、非常用電源で自己放電が比較的大きい電池です。トリクル充電がされていれば、災害が起きて停電になったときにでも、満充電の電池から電気を取り出すことができます。

これに対して「フロート充電」は、外部から電気を流す機構を持ち、電池と電気を消費する負荷が並列につながれている状態で充電がされる充電方式です。並列になっているので、電池は回路図で見ると、回路に付属しているような形で接続しており、浮いているように見えることから、「フロート充電」と呼ばれます。

この充電では、外部からの電気により、負荷が使用されているときも充電がされます。満充電になったときには、制御回路が働くようにして過充電を防止します。これにより、そこまで厳密な制御を必要とすることなく満充電の状態を保つことができます。

フロート充電では、充電していた電池と負荷が並列につながれていることから、外部からの電気が遮断された場合であっても、その瞬間でも電気が途絶えることなく（無瞬断）電池から負荷に電流が流れるようになります。

おわりに──脱稿直前に、ノーベル化学賞受賞のニュースが！

　脱稿直前に、とてもうれしいニュースが飛び込んできました。

　リチウムイオン電池関連の研究者にノーベル化学賞が授与されたのです。そして、その研究者の中には日本人の吉野彰氏の名前も入っていました。

　受賞後の会見インタビューを見ると、吉野氏は「まさか、まさか」とおっしゃっていましたが、ある程度の予測はしておきながらも、「まさか！ まさか!!」という思いで、本当に興奮しております。吉野氏はすでに素晴らしい賞を受賞しているので、全く予想できなかったというわけではないのですが、それでも、改めて受賞の発表のニュースを見ると、私が受賞したわけでもないのにとてもうれしく思います。

　ノーベル賞を受賞した吉野氏の大きな研究成果は、CHAP.4 の「リチウムイオン電池の研究開発の歴史」ですでに紹介しましたが、改めて紹介すると、正極に層状構造の酸化物材料（正極活物質）を、負極に炭素材料（負極活物質）を、電解液に非水電解液を用いた電池を初めて作りだしたというものです。

　簡単に説明すると上に説明したとおりなのですが、実際に電池を組み立てる際には、この他に、正極の活物質と負極の活物質を集電体に接着しておくために接着剤（バインダーともいう）、導電材、セパレータ等が必要です。これらは電池反応に全く関係しない材料ですが、バインダーだけをとってみても、正極側は正極の極端な酸化条件に耐えなければならず、負極側は負極の極端な還元条件に耐得なければならず、かつどちらの極のバインダーも電解液に溶けない必要があります（実際に特許の出願でも、例えば、正極に用いられるバインダーというだけで、ものすごい数の出願がされているほどの技術で、吉野氏の著書「リチウムイオン電池が未来を拓く：発明者・吉野彰が語る開発秘話」＜ 2016 年、シーエムシー＞でも、バインダー研究について苦労された点記載がされています）。

　こうしてみると、電池の反応に重要である正極、負極の活物質だけでなく（それを選ぶだけでもすごいことだと思いますが）、その他の材料の組み合わせ、材料のすり合わせのための改良も多岐にわたる中から、現在のリチウム

イオン電池の原型となる電池を組み立てたというのは非常に大きな功績であり、まさにノーベル賞にふさわしい成果だと言えると思います。

　吉野氏と同時にノーベル賞を受賞した研究者はあと2人おり、ジョン・グッドイナフ氏とスタンリー・ウィッティンガム氏です。

　グッドイナフ氏については、CHAP.4 の「リチウムイオン電池の研究開発の歴史」、「正極材⑦オリビン系 LiFePO$_4$」で紹介しています。グッドイナフ氏は、現在でも用いられている LCO(コバルト酸リチウム、LiCoO$_2$)、LFP（オリビン鉄、LiFePO$_4$）を最初に開発しました。特に、LCO は、吉野氏も採用した層状構造の酸化物材料で、これを用いると電圧の高いリチウムイオン電池ができることから、とても高く評価されている材料です。

　なお、本文中にも記載しましたが、グッドイナフ氏が LCO を発表した論文の第一筆者には、水島公一氏の名前が記載されています。水島氏がノーベル賞を受賞できなかったのはとても残念ですが、それほどの論文の第一筆者になっていることから、水島氏の研究成果も非常に大きく、現在に至るまで多くの人に貢献していることがわかります。

　スタンリー・ウィッティンガム氏の研究成果についても CHAP.4 の「リチウムイオン電池の研究開発の歴史」で紹介しており、リチウムイオン電池というよりもそれより以前に出た「リチウム金属電池」として紹介した電池における、正極材料の「TiS$_2$（二硫化チタン）」を最初に作りだしたのが大きな成果です。TiS$_2$ 自体は、リチウムイオン電池の正極材料として現在はあまり活躍することがなくなりましたが（この材料では、そもそも材料中にリチウム元素がない点や、この材料で電池を組み立てても高い電圧のものが得られないという欠点がある）、リチウムイオンを吸蔵・放出する性質を持った材料であり、世界で最初に、このようなリチウムイオンを吸蔵・放出する性質を持った材料を用いて電池を組み立て、その後の研究につなげたというのは非常に大きな功績と言えるでしょう。

　以上が、2019 年のノーベル化学賞の受賞者とその主な研究の簡単な紹介です。

　ノーベル賞を受賞したのは3人でしたが、本書でも紹介したとおり、と

ても大きな功績を残した研究者は他にもたくさんいます。そして、それら研究者のおかげでリチウムイオン電池の技術が発展し、私たちの生活を豊かにしていることを考えると、より多くの研究者が受賞できたらよかったのにとは思います。しかし、本書を読んでくださった皆様なら、多くの優秀な研究者が研究に取り組んできたということを理解していただけたと考えております。

　また、これからもリチウムイオン電池、全個体電池、リチウム空気電池と研究が進んでいくので、今後の研究の成果にも期待をしたいと思います。

　本書では、リチウムイオン電池だけでなくそのほかの電池についても幅広く紹介をしてきました。リチウムイオン電池はもちろん、それ以外の有望な電池についても、ぜひどのような技術であるかを、本書を通じて身近に感じ、楽しんでいただけたらとてもうれしく思います。

　今後も様々な電池が世の中に出てくると思います。そのときに、本書のことを思い浮かべていただければ筆者にとって存外の幸せです。

　最後になりましたが、本書を発行するにあたり、いつも厳しく叱咤激励してくれる妻と、調子に乗りやすいところもあるけれど、よく気を使い、予想以上に頑張ってくれることもよくある息子たちも、日々の私の支えになってくれ、とても感謝しています。彼らがいなければ本書は成りませんでした。

神野　将志

令和元年 10 月

元素記号 → **H** 1 原子番号
水素

1	2		3	4	5	6	7	8	9
1 **H** 水素									
2	3 **Li** リチウム	4 **Be** ベリリウム							
3	11 **Na** ナトリウム	12 **Mg** マグネシウム							
4	19 **K** カリウム	20 **Ca** カルシウム	21 **Sc** スカンジウム	22 **Ti** チタン	23 **V** バナジウム	24 **Cr** クロム	25 **Mn** マンガン	26 **Fe** 鉄	27 **Co** コバルト
5	37 **Rb** ルビジウム	38 **Sr** ストロンチウム	39 **Y** イットリウム	40 **Zr** ジルコニウム	41 **Nb** ニオブ	42 **Mo** モリブデン	43 **Tc** テクネチウム	44 **Ru** ルテニウム	45 **Rh** ロジウム
6	53 **Cs** セシウム	56 **Ba** バリウム	57〜71 **La** ランタン	72 **Hf** ハフニウム	73 **Ta** タンタル	74 **W** タングステン	75 **Re** レニウム	76 **Os** オスミウム	77 **Ir** イリジウム
7	87 **Fr** フランシウム	88 **Ra** ラジウム	89〜103 **Ac** アクチニウム	104 **Rf** ラザホージウム	105 **Db** ドブニウム	106 **Sg** シーボーギウム	107 **Bh** ボーリウム	108 **Hs** ハッシウム	109 **Mt** マイトネリウム

ランタノイド系 アクチノイド系

58 **Ce** セリウム	59 **Pr** プラセオジム	60 **Nd** ネオジム	61 **Pm** プロメチウム	62 **Sm** サマリウム
90 **Th** トリウム	91 **Pa** プロトアクチウム	92 **U** ウラン	93 **Np** ネプツニウム	94 **Pu** プルトニウム

人工元素

18
2
He
ヘリウム

13	14	15	16	17	
5	6	7	8	9	10
B	**C**	**N**	**O**	**F**	**Ne**
ホウ素	炭素	窒素	酸素	フッ素	ネオン
13	14	15	16	17	18
Al	**Si**	**P**	**S**	**Cl**	**Ar**
アルミニウム	ケイ素	リン	硫黄	塩素	アルゴン

10	11	12	13	14	15	16	17	18
28	29	30	31	32	33	34	35	36
Ni	**Cu**	**Zn**	**Ga**	**Ge**	**As**	**Se**	**Br**	**Kr**
ニッケル	銅	亜鉛	ガリウム	ゲルマニウム	ヒ素	セレン	臭素	クリプトン
46	47	48	49	50	51	52	53	54
Pd	**Ag**	**Cd**	**In**	**Sn**	**Sb**	**Te**	**I**	**Xe**
パラジウム	銀	カドミウム	インジウム	スズ	アンチモン	テルル	ヨウ素	キセノン
78	79	80	81	82	83	84	85	86
Pt	**Au**	**Hg**	**Tl**	**Pb**	**Bi**	**Po**	**At**	**Rn**
白金	金	水銀	タリウム	鉛	ビスマス	ポロニウム	アスタチン	ラドン
110	111	112	113	114	115	116	117	118
Ds	**Rg**	**Cn**	**Nh**	**Fl**	**Mc**	**Lv**	**Ts**	**Og**
ダームスタチウム	レントゲニウム	コペルニシウム	ニホニウム	フレロビウム	モスコビウム	リバモリウム	テネシン	オガネソン

63	64	65	66	67	68	69	70	71
Eu	**Gd**	**Tb**	**Dy**	**Ho**	**Er**	**Tm**	**Yb**	**Lu**
ユウロビウム	ガドリニウム	テルビウム	ジスプロシウム	ホルミウム	エルビウム	ツリウム	イッテルビウム	ルテチウム
95	96	97	98	99	100	101	102	103
Am	**Cm**	**Bk**	**Cf**	**Es**	**Fm**	**Md**	**No**	**Lr**
アメリシウム	キュリウム	バークリウム	カリホルニウム	アインスタイニウム	フェルミニウム	メンデレビウム	ノーベリウム	ローレンシウム

神野将志（じんの・まさし）／著

　名古屋大学大学院卒業後、特許庁入庁。審査官として、有機化学、電気化学の審査を担当し、2019 年から審判官として有機化学、食品関係の審判を担当し、現在に至る。その間、北京大学大学院へ留学し修士課程を修了。日本知財学会員。

　平成 29 年度のリチウム二次電池の技術動向調査の担当をした際、今後、エネルギーを生み出す、蓄えることに関する分野の発展が大切だと再認識し、理科が苦手な人でも読みやすい本を出して、より多くの人にこの分野に親しんでもらおうと考える。

　私生活では二児の父。育メン、家事メンを目指し、日々奮闘しつつ、たまに学生時代のOB チームでラグビーをしている。

電池 BOOK

2019年　11月 16日　　　初版発行

著　者……神野将志

カバー・デザイン……太田公士（夢玄工房）

印刷……株式会社 文昇堂
製本……根本製本株式会社

発行人……西村貢一
発行所……株式会社 総合科学出版
　　　　　〒101-0052　東京都千代田区神田小川町 3-2　栄光ビル
　　　　　TEL：03-3291-6805（代）
　　　　　URL：http://www.sogokagaku-pub.com/
